JN004294

海外旅行のための スマホ快適ナビ

技術評論社

海外旅行のための スマホ快適ナビ

contents

海外でもスマホを利用したい!
[スマホ利用準備編]

旅行の準備や情報収集もスマホが大活躍
[旅行準備・情報収集編]

空港や機内でもスマホを利用したい! [空港-機内編]

現地でスマホを使いまくろう! ［現地編］

海外旅行に役立つ便利アプリ・サイト ［付 録］

海外でもスマホを利用したい!

スマホ利用準備編

毎日の生活で欠かせないものになりつつあるスマホを海外旅行中も活用するためには、インターネット環境を整えておく必要があります。ここでは、海外でスマホをインターネットに接続する4つの方法を紹介します。

スマホ海外旅行

海外旅行でも スマホを活用しよう

スマホがあればもっと楽しい！

毎日当たり前のように使っているスマホですが、海外旅行でこそ役立つ場面も少なくありません。スマホだからできること、活用するために必要なことをチェックしてみましょう。

情報収集やエンタメ、ビジネスなど普段の生活において、スマホはなくてはならない存在になっています。便利なアプリやサービスを利用すれば、楽しい海外旅行がもっと楽しいものになるでしょう。本書では旅の準備から、空港・航空機内、現地に着いてからもスマホをフル活用してお得に使いこなす方法を紹介します。

海外旅行をするには、国内旅行よりもさらに事前の準備をしっかりと整えておく必要があります。現地の情報を調べるときにもスマホはうってつけです。ブラウザアプリを利用して、旅行の情報サイトや各国の大使館が提供している情報など、海外旅行をするにあたって必要なことがかんたんに調

スマホでフライト状況のチェックから搭乗までできる！

◀スマホでWebチェックインすると、搭乗券をiPhoneの「Apple Wallet」アプリに登録することができます。QRコードを表示するだけで搭乗がスムーズにできて便利です。

退屈な機内や搭乗待ちでもスマホがあれば楽しい時間に！

▶動画配信サービスのアプリを利用すると、インターネットに接続できないときでも映画やテレビ番組を楽しむことができます。

地図データや観光ガイドをスマホに入れて持ち歩こう！

▶現地で必要な情報はすべてスマホにまとめておくと確認が楽になります。オフラインでも利用できるアプリをインストールしておけば、どこでも見ることができて便利です。

現地でタクシーを予約！

◀Uberなどの配車アプリを利用すると、現地の言葉が話せなくてもタクシーの予約ができます。クレジットカードで事前精算できる場合が多いので、タクシー代金の交渉やチップの受け渡しが不要になることもあります。

べられます。また、地図アプリや翻訳アプリをインストールしておけば、現地でのトラブルを減らすことができるかもしれません。それだけでなく、航空会社のアプリをインストールして空港でのチェックインをスムーズにしたり、動画配信サービスのアプリなどを活用して長いフライトを快適に過ごすことができたりとさまざまな場面で重宝します。

海外旅行での大活躍が期待されるスマホですが、さまざまな情報にアクセスするために、なくてはならないのがインターネットへの接続です。Ｗｉ－Ｆｉルーターや、現地の無料Ｗｉ－Ｆｉの利用など、渡航先でスマホをインターネットに接続する方法はいくつかありますが、料金や利用できる場所などそれぞれ異なります。自分の旅行スタイルに合わせた方法でインターネットを活用しましょう。

インターネットへの接続方法に迷っているときは、Ｐ．００８からの診断を参考に選んでみるとよいでしょう。

どの方法で使う?

タイプ別海外スマホ利用診断

スマホを海外で使いたいときは、インターネットの接続環境を整える必要があります。自分の使い方に合った方法でスマホを活用しましょう。

A·B·C·Dのうちどのアルファベットが多いかチェックしてみよう

Q1 同行者との連絡方法は？

- A B　LINE
- C　不要（別行動をしない）
- D　電話

Q2 海外旅行中はどれくらいインターネットを使う予定？

- A　普段と同じくらい
- B D　海外旅行用にデータ量を確保したい
- C　ほとんど使う予定はない

Q3 観光中の手荷物は……

- A C D　荷物を最小限にしたい
- B　少しくらい荷物が増えても大丈夫

Q4 インターネットを使う主なタイミングは？

- A D　いつでも（Webサイトを見る）
- B　いつでも（SNSアプリなどを使う）
- C　空港やホテル、カフェなど

Q5 同行者とデータ通信をシェアしたい？

- A　テザリングでデータ通信をシェアしたい
- B　パソコンやタブレット、同行者のスマホなどとデータ通信をシェアしたい
- C　同行者はいない／同行者もインターネットをあまり使わない
- D　別々にデータ通信を使いたい

Q6 スマホの設定は？

- A　日本国内と同じ感覚でスマホを使いたい
- B C　Wi-Fiの設定ができる
- D　SIMカードの交換や説明書などを見ながらeSIMのアクティベートができる

Aがいちばん多い
あなたへのおすすめは……

携帯電話会社の海外サービス

➡P.010／P.014～

※MVNOでスマホを契約している場合はBかDへ

Bがいちばん多い
あなたへのおすすめは……

レンタルWi-Fiルーター

➡P.011／P.026～

Cがいちばん多い
あなたへのおすすめは……

無料Wi-Fi

➡P.012／P.030～

Dがいちばん多い
あなたへのおすすめは……

プリペイドSIM

➡P.013／P.036～

Q7 海外旅行中のインターネット料金・速度は……

A D　高速通信をお得に利用したい
B　多少料金がかかっても高速でデータ量が多いほうがよい
C　払いたくない／通信速度が遅くても問題ない

Q8 現地でのコミュニケーションは？

A B　現地の言葉や英語に自信がない
C D　現地の言葉や英語が操れる、ある程度わかる

Q9 渡航先の国や地域では……

A　携帯電話会社と提携しているインターネットを使いたい
B　インターネット規制がされているので、規制を回避したい
C　海外旅行者向けの無料Wi-Fiが豊富
D　現地のインターネットを使いたい

Q10 渡航先への滞在は……

A　数日～1週間程度の滞在予定
B　数日～中長期の滞在予定
C　数日の滞在予定
D　長期の滞在予定

携帯電話会社の海外サービスを利用する

おすすめ度	★★★★★
お手頃さ	★★★★★
通信速度	★★★★★
複数人での利用	★★★★★
事前準備の手軽さ	★★★★★
移動性	★★★★★

POINT

荷物が少なくなる
いつものスマホを持っていくだけ！

定額で利用できる
かんたんな利用登録で利用を開始できて料金も一定

-POINT

利用方法に注意
利用対象外のエリアでは高額なパケット代を請求されてしまう

時差に注意
１日使い放題プランの基準が日本時間の場合、うっかりすると２日分の請求になる

旅行準備中にCheck

- □スマホの契約と機種の確認
- □利用できるエリアの確認
- □提携携帯電話会社の確認
- □専用アプリのインストール
- □利用申し込み

飛行機から降りたらCheck

- □モバイルデータ通信がオンになっている（利用しないときはオフにする）
- □データローミングがオンになっている
- □専用アプリや専用サイトから利用開始する

ドコモ、au、ソフトバンク、楽天モバイルといった携帯電話会社でスマホの契約を結んでいる場合は、携帯電話会社の海外サービスを利用して日本とほとんど同じように使うことができます。テザリング機能を使えば、通信を同行者と分け合ったりタブレットなどと併用したりすることも可能です（auとソフトバンクはオプションの申し込みが必要）。事前準備もほとんど必要がなく、一部のプランでは専用アプリをあらかじめインストールしておけば現地ですぐに利用開始できます。ほかの方法よりも料金が割高になることがありますが、旅行中の1日だけ利用したいときやほかのWi-Fiサービスの接続状況が悪くてどうしてもつながらないときなどにピンポイントで利用することもできるので利用方法を覚えておきましょう。携帯電話会社ごとに利用できるエリアやプランが異なるので、事前に確認しておく必要があります。また、1日使い放題プランの基準が日本時間となっているときは、時差に注意しましょう。

B Wi-Fiルーターをレンタルする

おすすめ度	★★★★★
お手頃さ	★★★★★
通信速度	★★★★★
複数人での利用	★★★★★
事前準備の手軽さ	★★★★★
移動性	★★★★★

POINT

旅行中いつでも使える

場所を選ばずどこでも利用でき、通信速度も速い

複数人で使える

レンタルする機種にもよるが、５台まで同時接続できる場合がほとんど

-POINT

荷物が増える

移動中もＷｉ-Ｆｉルーターを常に持ち運ばなければならず、ホテルに忘れると１日使えなくなる

料金が割高になる可能性に注意

日本国内の空港で受け取り・返却することになるので、旅程によってはレンタル日数が増える可能性がある。また、紛失・破損の補償料金が必要な場合もある

旅行準備中にCheck

- □利用申し込み
- □受け取り方法・返却方法の確認
- □同時に接続できる台数の確認（複数人で使用する場合）

飛行機から降りたらCheck

- □モバイルデータ通信がオフになっている
- □Wi-Fiルーターの電源をオンにする
- □スマホのWi-Fiがオンになっている

Ｗｉ-Ｆｉルーターをレンタルすることで、旅行中いつでもインターネットに接続できます。渡航先に合わせた電波を受信する設定がされているので、通信速度も比較的速く、快適に利用できます。また、データ容量が大きいプランを契約して、同行者と分け合う使い方も可能です。中国のようにインターネット規制をしている国で、規制を回避してインターネットが使えるＷｉ-Ｆｉルーターもあります。

ただし、Ｗｉ-Ｆｉルーターは、観光中など極力荷物を少なくしたい場合でも必ず持ち歩く必要があり、荷物が増えてしまいます。また、スマホとＷｉ-Ｆｉルーター両方が常に充電されていて、利用できる状態になっている必要があります。なお、紛失・破損の補償は、レンタル申し込み時のオプション加入内容で異なります。飛行機の遅延やロストバゲージなどで返却が遅れてしまった場合など、補償が心配なときはオプションに加入しておくとよいでしょう。

C

現地の無料Wi-Fiを利用する

おすすめ度	★★★★★
お手頃さ	★★★★★
通信速度	★★★★★
複数人での利用	★★★★★
事前準備の手軽さ	★★★★★
移動性	★★★★★

POINT

無料で使える
何かとお金が必要な海外旅行中の出費を減らせる

事前準備がほとんど不要
主要な施設には無料Ｗｉ-Ｆｉの設備が用意されていることもある

旅行準備中にCheck

□無料Wi-Fiスポットの場所と接続方法

飛行機から降りたらCheck

□モバイルデータ通信がオフになっている
□Wi-Fiがオンになっている

-POINT

セキュリティ面が不安
スマホの情報が盗まれる可能性がある

利用場所が限られる
ホテルのロビーは無料だが客室は有料なこともある

通信速度が遅い
多くの人が同時に利用すると通信速度が遅くなってしまう

旅行全体を通してインターネットを利用するタイミングが、空港やホテルなどで天気やニュースを確認する程度であれば、現地の無料Ｗｉ-Ｆｉだけで事足りるかもしれません。訪れる施設や宿泊するホテルに無料Ｗｉ-Ｆｉの設備があるか事前に調べておけば、スムーズに利用できます。

現地の無料Ｗｉ-Ｆｉは、誰でも利用できるように電波が公（暗号化されていない）になっているということもあり、不用意に接続するとスマホ内の個人情報が盗まれてしまう可能性があります。IDやパスワードを入力して利用するようなＷｅｂサイトは、使わないようにしましょう。また、無料Ｗｉ-Ｆｉには、多くの人が同時に接続することが考えられます。利用者が多ければ多いほど通信速度は遅くなってしまうので、動画の再生などにはあまり向いていません。なお、渡航先のサービスによっては無料Ｗｉ-Ｆｉの接続に現地の電話番号が必要なことがあり、利用できない場合もあるので注意しましょう。

現地のプリペイドSIMを利用する

おすすめ度	★★★★★
お手頃さ	★★★★★
通信速度	★★★★★
複数人での利用	★★★★★
事前準備の手軽さ	★★★★★
移動性	★★★★★

POINT

通信料が安い

渡航先の国内料金で接続できるため、通信料を安く抑えることができる。現地どうしの通話は現地の国内料金が適用されるため、同行者と連絡を取りたいときにおすすめ

-POINT

設定が必要

スマホの接続先設定（ＡＰＮ設定）が必要な場合が多い

電話番号が変わる

海外の電話番号が割り振られる

SIM フリースマホが必要

２０２１年９月以前にドコモ、ａｕ、ソフトバンクなどで端末を購入した場合はＳＩＭロックの解除が必要

旅行準備中にCheck

- □家族や知人に旅行中は電話番号が変わる（使えない）ことを伝える
- □スマホに使用できるSIMの種類を確認
- □プリペイドSIMを購入（事前に準備する場合）
- □プリペイドSIMの購入場所の確認（現地でSIMカードを購入する場合）

飛行機から降りたらCheck

- □モバイルデータ通信がオンになっている
- □データローミングがオフになっている

海外への長期滞在を予定している場合に、インターネット料金をお得にしたいと考えるのであれば、現地のプリペイドＳＩＭを検討しましょう。同行者全員が現地のプリペイドＳＩＭを利用すれば、電話連絡のときに現地の国内料金が適用されます。また、１台のスマホに2つの電話番号を登録して用途に応じて切り替えができるデュアルＳＩＭのスマホであれば、旅先でＳＩＭカードを交換する手間や交換時の紛失リスクを減らせます。

しかし、現地の通信会社が使用している周波数帯に端末の周波数帯が非対応の場合、現地のプリペイドＳＩＭを使ってもインターネットに接続できないので注意しましょう。また、２０２1年9月以前にドコモ、ａｕ、ソフトバンクで購入したスマホの端末はＳＩＭロックがかかっており、自社のＳＩＭ以外利用できない設定になっていることがあるので、ホームページを確認し、ＳＩＭロックを解除しましょう。

海外でも使い放題！

携帯電話会社の海外サービスを理解しよう

海外でも日本と同じ感覚でスマホを使いたいなら、それぞれの携帯電話会社が提供する海外パケット定額サービスが、もっともかんたんで安心して利用できる方法です。

海外旅行での大活躍が期待されるスマホですが、さまざまな情報にアクセスするために、なくてはならないのがインターネットへの接続です。Ｗｉ-Ｆｉルーターや、現地の無料Ｗｉ-Ｆｉの利用など、渡航先でスマホをインターネットに接続する方法はいくつかありますが、その中でも日本と同じように安心してスマホが使える携帯電話会社の海外サービスを紹介します。

日本で利用しているドコモやａｕ、ソフトバンク、楽天モバイルのモバイルネットワーク回線は、海外では接続できません。そこで、各携帯電話会社では、提携する現地のネットワークに接続してデータ通信を行う「データロー

データローミングってなに？

データローミングとは、スマホの通信プランを契約している携帯電話会社の回線が利用できない海外などで、現地の提携先の携帯電話会社のネットワークに接続するしくみです。海外でデータ通信を行う場合は、データローミングの設定をオンにします。

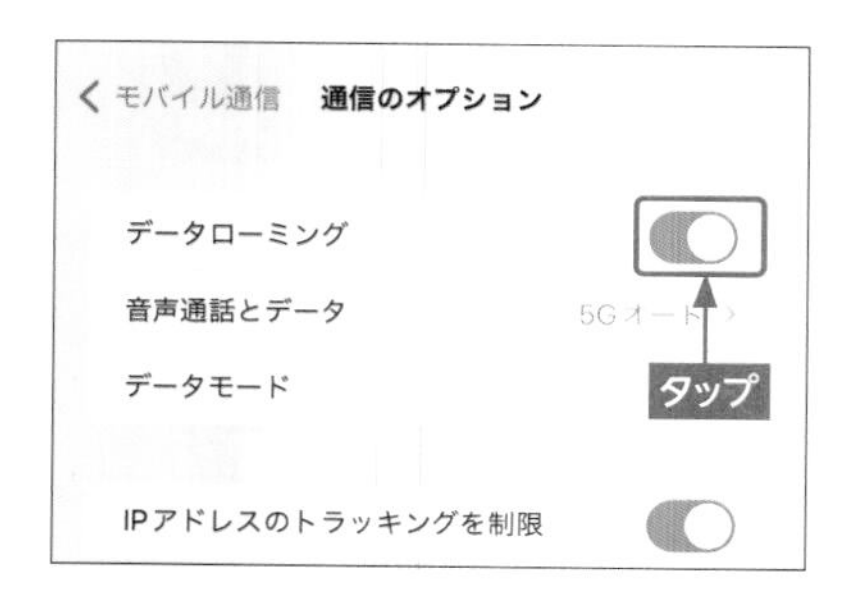

iPhoneでは、＜設定＞→＜モバイル通信＞→＜通信のオプション＞の順にタップし、データローミングをオンにします。

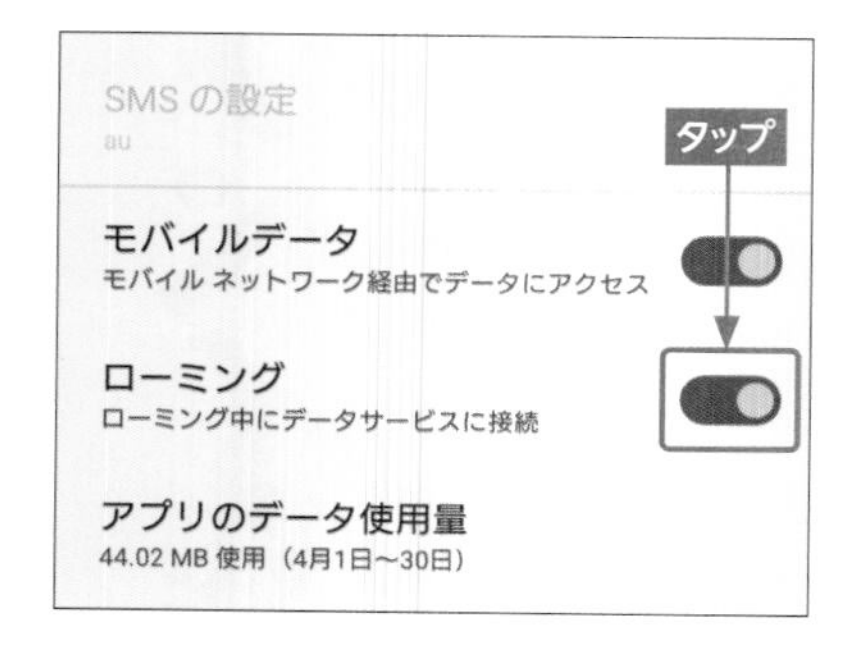

Androidスマートフォンでは、＜設定＞→＜ネットワークとインターネット＞→＜インターネット＞→⚙の順にタップし、ローミングをオンにします（機種によって異なる場合があります）。

電話は使えるの？

携帯電話会社の海外パケット定額サービスを利用する場合、日本の電話番号がそのまま使えますが、パケット料金に通話料金（国際通話料）は含まれません。通話やSMSの送受信には、別途通話料金が発生します。また、海外滞在中は発信だけでなく受信した場合にも着信料金がかかることがあります（契約している携帯電話会社やプランによって異なります）。詳しくはP.92～93を参照してください。

 使い放題・海外パケット定額のメリット・デメリット

メリット

- 普段使っているスマホがそのまま使える（電話番号もそのまま使える）
- 煩雑な手続きが不要

デメリット

- 追加料金が必要。ほかの方法より割高感がある
- 日本の電話番号が使えるが、日本に発信する場合、日本向け国際通話料金が適用される（また、発信／受信共に有料）

通信料金がすごい金額になったりしないの？

データ通信をどれだけ使っても、1日最大で2,980円など定額で利用できる海外パケット定額サービスでは、正しく使用している限り、予想外に高額請求されることはありません。ただし、海外パケット定額サービスの対象エリア外では、使った分だけ課金される従量制となってしまうので、渡航先が対象エリアであることを事前に確認しておきましょう。

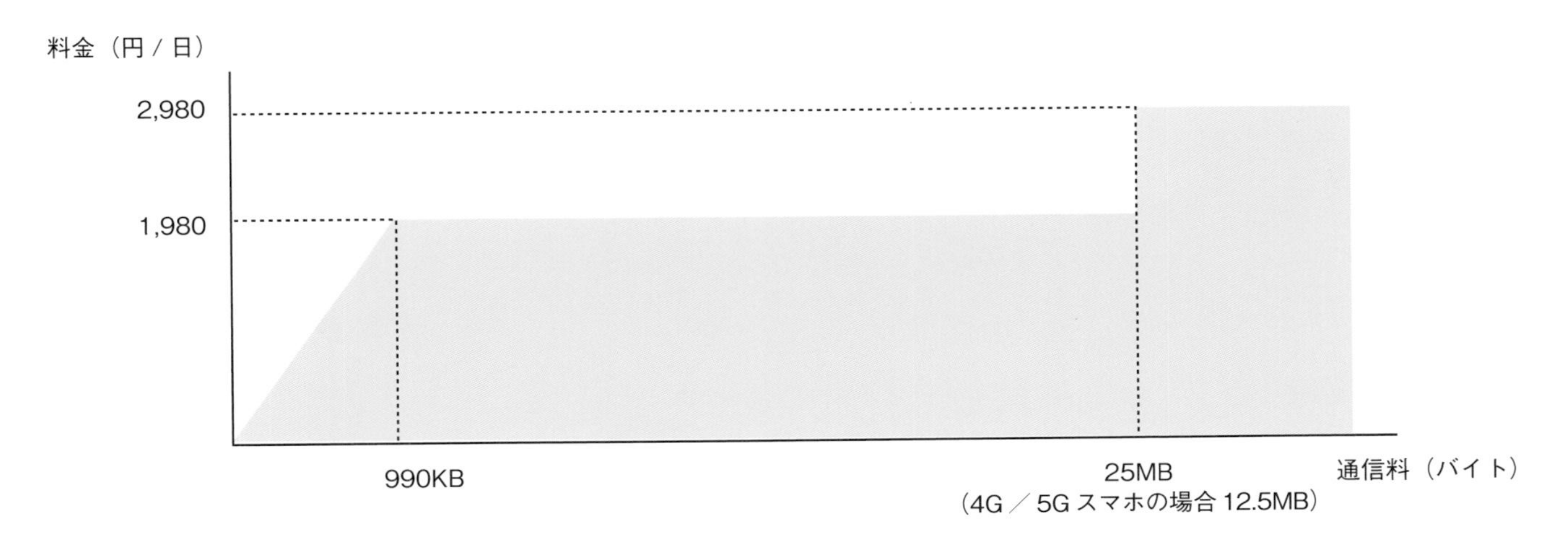

	25MBまで	25MB以上
定額料	0円～ 1,980円／日	2,980円／日

◀▲ソフトバンクの海外パケットし放題の料金表。携帯電話会社によって異なるので確認しておきましょう。

ミング」というしくみを利用して、海外でも日本と同じようにスマホでのデータ通信を可能にする、海外向けのデータ通信プランを用意しています。

ドコモ、au、ソフトバンクでは、事前申し込みが不要なサービスとして、海外パケット定額プランを提供しています（ドコモ：世界ギガし放題、au：海外ダブル定額、ソフトバンク：海外パケットし放題）。いずれの場合も、渡航先でデータローミングをオンにするだけで1日最大2980円で利用できます。3社は、独自の海外プランも展開しており、そちらと比べると利用料金こそ割高感がありますが、通信量を気にせず自分のスマホが使えることが最大のメリットです。

また、楽天モバイルの場合は、追加設定なしで海外でもデータ通信が無料で使えます。

ただし、ここで紹介したサービスは、渡航先が対象エリアでない場合や、使用条件に当てはまらない状況下でデータローミングを行った場合には適用されず、高額なパケット料金を請求されることがあります。

日本と同じ感覚で使える ドコモの海外サービスを利用しよう

普段通りのデータ量でやりくりして使いたい派と、多少費用はかかってもデータ量を気にせず思う存分スマホを使いたい派。どちらも安心して使える2つのサービスから選べます。

ドコモでは、「世界そのままギガ」と「世界ギガし放題」の2種類の海外パケット通信サービスを提供しています。どちらも、あらかじめ料金が設定されている点は似ていますが、1日最大2980円でパケット通信し放題の世界ギガし放題に対して、世界そのままギガで利用できるデータ通信量は、日本で契約しているデータ（パケット）量に依存する点が大きな違いです。

世界そのままギガは、24時間980円をベースに、1時間、2日間から30日までの間で自由に選択できます。さらに、「国・地域限定割プラン」の対象国なら、1日あたりの料金がお得になります。また、世界ギガし放題は、1

●世界そのままギガ

申し込み 必要

- 1時間／1日〜30日間で自由に選択可能
- 好きなタイミングで利用開始でき、予約も可能
- 選択した利用時間終了時に自動でストップ
- 日本の契約プランのデータ容量を使用
- 専用アプリ「ドコモ海外利用」を使用
- データ量を使い切っても、追加購入が可能（月間利用データ量が30GBを超えると通信速度が制限される）

国・地域限定割プランの料金例

利用期間	定額料	1日あたりの料金
1時間	200円	−
24時間	980円	980円
2日間	1,780円	890円
7日間	5,280円	約755円
14日間	10,480円	約749円
21日間	15,680円	約747円
28日間	20,880円	約746円

▲世界そのままギガには、70以上の国・地域が対象で、利用期間に応じて割引が適用される「国・地域限定割プラン」と、200以上の国・地域が対象で、1時間200円または1日あたり980円という料金設定の「通常プラン」が用意されています。

●世界ギガし放題

申し込み 不要

利用料金
〜20万パケット（約24.4MB）：最大1,980円／日
20.5万パケット（約25MB）〜：2,980円／日

▲日本時間0時〜23時59分59秒までを1日としています。現地時間ではないので注意しましょう。

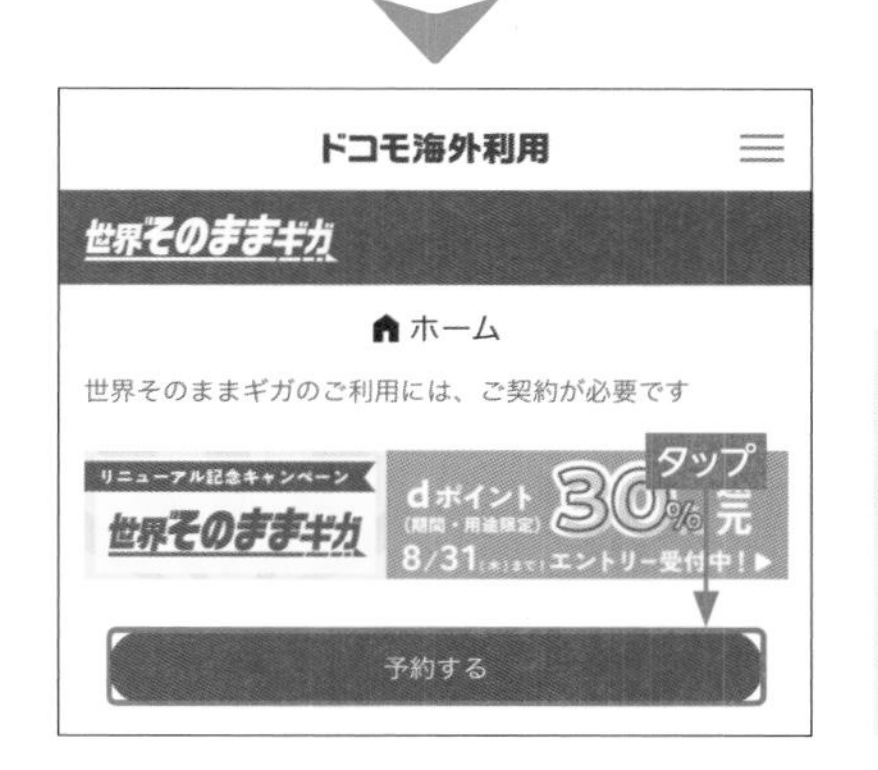

「ドコモ海外利用」アプリで、初回は＜規約に同意して利用を開始＞をタップし、ホーム画面から＜予約する＞をタップします。

ドコモ海外利用
提供：株式会社NTTドコモ
【iPhone】【Android】

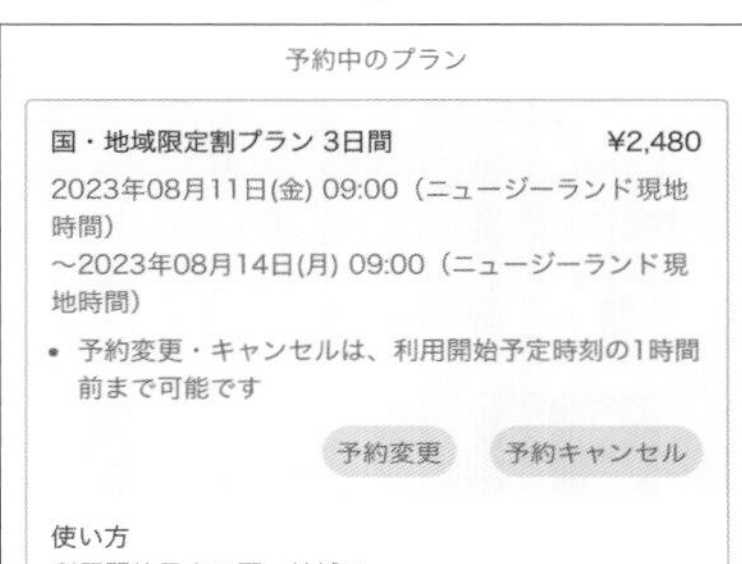

画面に従って渡航する国・地域や利用日時を入力し、予約を完了させます。

●現地に着いたら

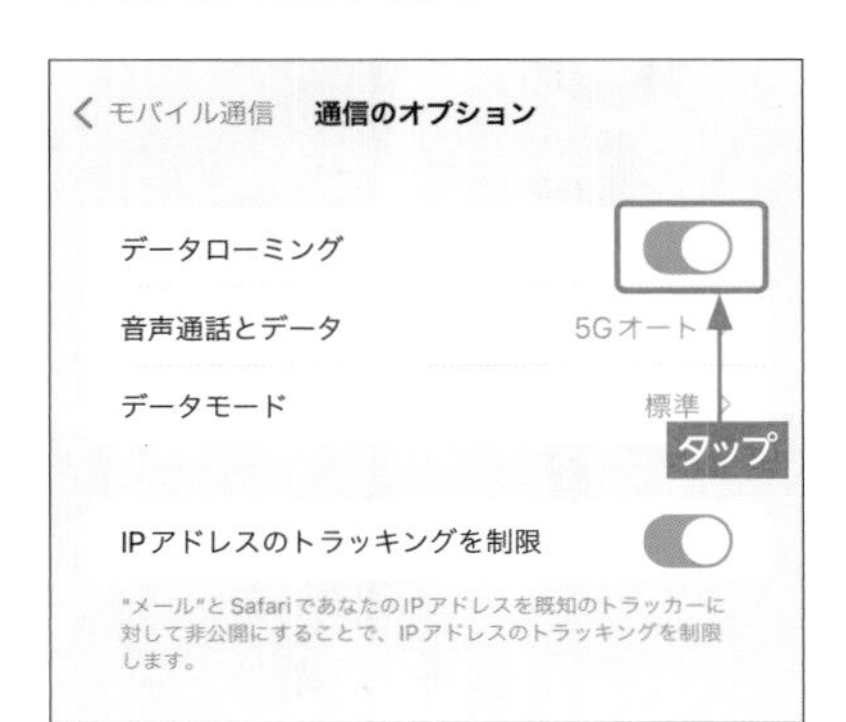

Wi-Fiと機内モードをオフにし、データローミングをオンにします。利用予約をしていない場合は、現地で「ドコモ海外利用」アプリまたは専用Webサイト（https://roaming.docomo.ne.jp:444/）から利用開始することもできます。

世界そのままギガの使い方

●出発前にやっておくこと

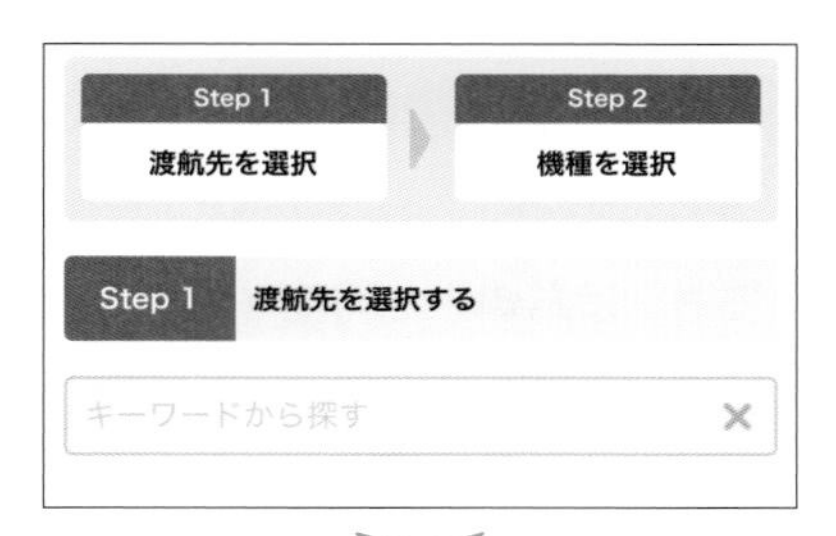

ドコモのWebサイト（https://www.docomo.ne.jp/service/world/roaming/area/）で自分のスマホが渡航先で使えることを確認します。

「My docomo」アプリのHOME画面で＜お手続き＞→＜海外＞→＜海外でつかう（WORLD WING）＞→＜お手続きする＞の順にタップし、WORLD WINGの契約の有無を確認します。未契約の場合は、申し込みます。

My docomo
提供：株式会社NTTドコモ
【iPhone】【Android】

「My docomo」アプリのHOME画面で＜お手続き＞→＜海外＞→＜世界そのままギガ＞→＜お手続きする＞の順にタップし、世界そのままギガの契約を申し込みます。「ドコモ海外利用」アプリもダウンロードしておきましょう。

日のうち20万パケット（約24・4MB）までは最大1980円、それ以上は最大2980円の2段階設定となっています。なお、世界そのままギガを契約中は、世界ギガし放題を利用できません。

　海外でドコモのスマホを使用するには、「WORLD WING」の契約（月額無料）が必要です。多くの場合、スマホ契約時に有効になるオプションですが、初めて海外でスマホを使うときには、「My docomo」やドコモショップなどで確認しましょう。

　また、海外パケット通信サービス対象外の国では従量課金制のインターネット（パケット通信）が使えますが、通信料が高額になることがあります。対象外の国に行く場合は、従量課金制のインターネット通信料が月間利用累積額5000円を超えた場合にインターネットを停止できる「海外パケット停止安心サービス」を、My docomoやドコモショップなどで申し込むことをおすすめします。

auの海外サービスを利用しよう

事前予約でお得な早割も

auは、事前予約でお得になる「世界データ定額」が魅力的です。データ量を気にせず使える「海外ダブル定額」を選ぶこともできます。

auの海外データサービスには、「海外ダブル定額」、「世界データ定額」の2種類があります。

まず、海外ダブル定額は、1日最大2980円でデータ通信し放題の定額サービスです。それぞれ名称は異なりますが、ドコモ、ソフトバンクでも提供している定額サービスで、詳しい内容はP.014で紹介しています。

海外でも使い放題の定額サービスは何かと安心ですが、たとえば5日間利用した場合、日本での通常料金に加えて、1万4500円かかることになります。旅行中それほど大きなデータ通信は不要ということであれば、世界データ定額を検討してみましょう。

世界データ定額は、日本での料

●世界データ定額

- 150以上の国や地域で利用可能
- 日本の契約プランのデータ容量を使用※
- 専用アプリ「世界データ定額」を使用
- 事前の予約で早割あり
- 利用時間終了時に自動でストップ
- データ量を使い切っても、追加購入が可能

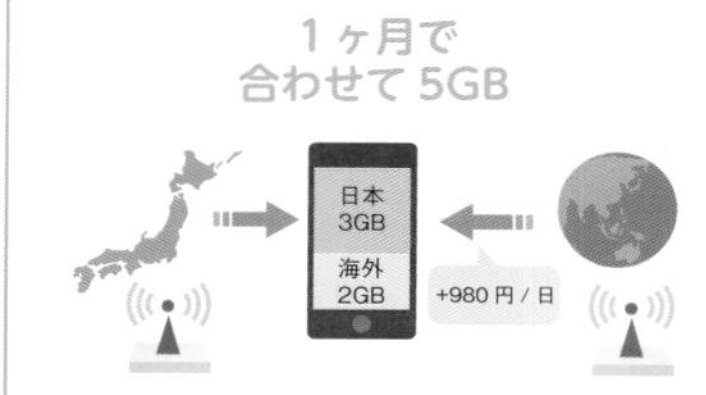

※一部の契約プランではテザリング、データシェア、世界データ定額の合計での利用量の上限が決まっています。

	対象国・地域	利用コース		
		適用料金		利用日数
事前予約あり	アメリカ(本土・アラスカ)、ハワイ、カナダ、韓国、台湾、香港、マカオ、タイ、プエルトリコ、米領バージン諸島	早割キャンペーン	490円／日(24時間)	1～30日
	上記を含む海外150以上の国・地域	早割	690円／日(24時間)	
事前予約なし	早割と同様	通常	980円／日(24時間)	1～8日

●海外ダブル定額

利用料金

～20万パケット（約24.4MB）：最大1,980円／日

20万パケット（約24.4MB）～：最大2,980円／日

▲日本時間0時～23時59分59秒までを1日としています。現地時間ではないので注意しましょう。

利用条件

5G NET、5G NET for DATA、LTE NET、LTE NET for DATAのいずれかの契約

世界データ定額拒否オプションの契約

対応機種

スマートフォン（5G）、iPhone（iPhone 4S除く）、iPad、スマートフォン（4G LTE）、ケータイ（4G LTE）、タブレット、データ通信専用端末（国際ローミング対応機）

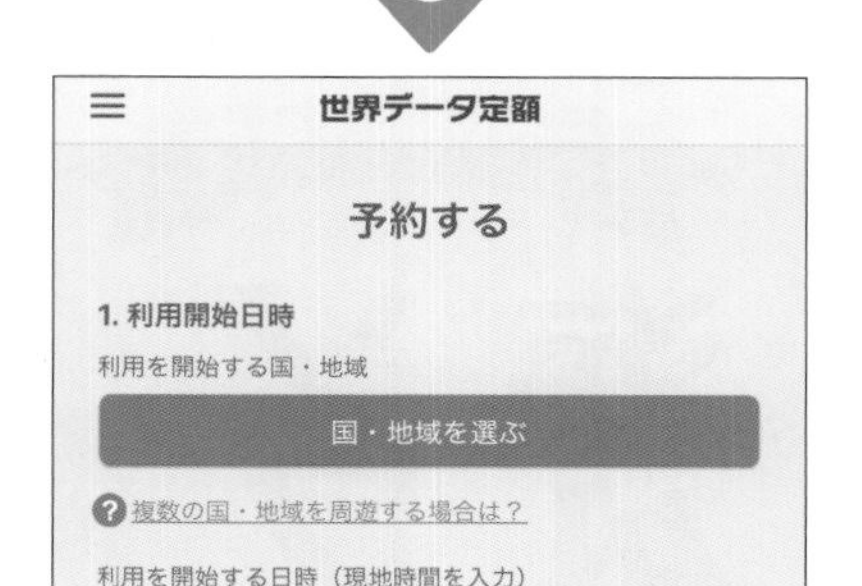

利用を開始する国・地域、利用開始日時、利用コースを選択し、<確認する>→<予約する>→<OK>の順にタップすると、予約が完了します。

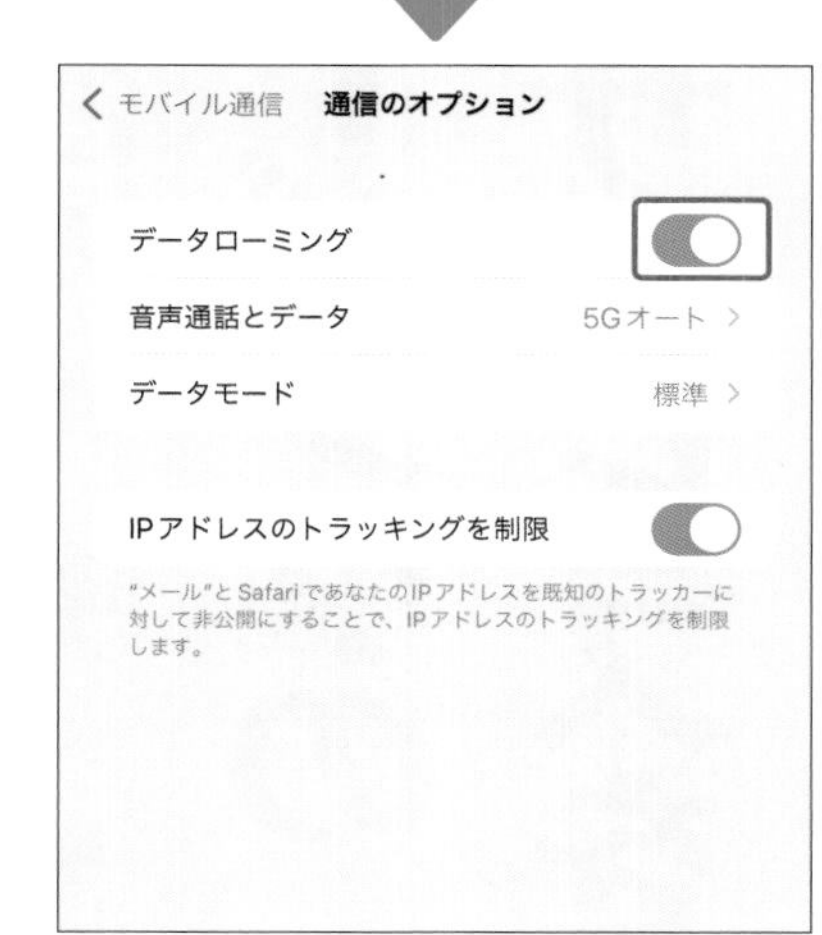

出国前に機内モードとWi-Fiをオフ、モバイルデータ通信とデータローミングをオンに設定しておけば、開始時刻になると自動でデータ定額サービスが開始されます。コース終了時刻になるとデータ通信は自動的に終了し、データローミングがオンの状態でも料金が発生することはありません。

MEMO

予約の変更・キャンセルは、利用開始の1時間前まで無料でアプリから申し込めます。また、現地到着が遅れても、予約した利用期間内に到着すれば、自動で予約した時間分のデータ通信を使うことができて安心です。予約なしで世界データ定額を利用する場合は、アプリを起動すると適用可能なコースが表示されているので、使いたい期間の<利用開始>をタップしましょう。

世界データ定額の使い方

「My au」アプリで<マイページ>→<ご契約中プランの確認・変更>→<オプションサービス>の順にタップし、「データチャージ」の利用状況を確認します。利用していない場合は、申し込みます。「世界データ定額」アプリもダウンロードしておきましょう。

世界データ定額
提供：KDDI CORPORATION
【iPhone】【Android】

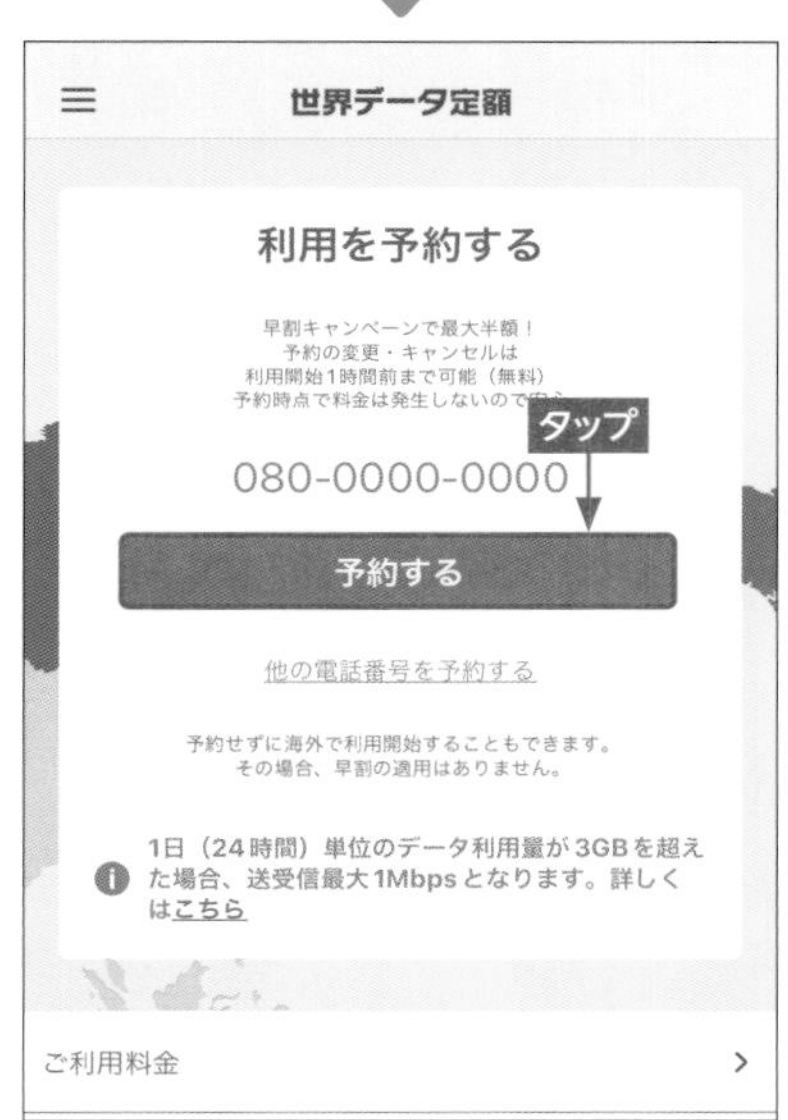

「世界データ定額」アプリにau IDでログインし、初期設定を行います。予約をする場合は<予約する>をタップします。

金プランの月間データ容量から通信量を消費するしくみで、980円／24時間でデータ通信が可能になります。また、専用アプリで事前にローミングの開始日時を予約することで、690円／24時間の「早割」が適用されます。早割が適用された場合、5日間の利用料金は、3450円。海外ダブル定額をフルで5日間使った場合の料金の1／4以下となります。さらに、渡航先が「早割キャンペーン」の対象国・地域に含まれている場合、なんと490円／24時間でデータ通信ができます。早割キャンペーンの対象国・地域には、渡航先として人気の高いアメリカやハワイ、韓国、台湾などが含まれています。

　ただし、使い放題ではない分、アプリの自動アップデートやクラウドサービスへの自動アップロードをオフにするなど、データの浪費を防ぐ対策は必要です。利用可能なデータ量が底をついてしまうと、通信速度が大幅に低下して快適なインターネット環境は望めません。万が一データ量を使い切ってしまった場合は、「My au」からデータ量を追加購入できることを覚えておきましょう。

スマホ海外旅行

アメリカに行くなら断然お得！

ソフトバンクの海外サービスを利用しよう

アメリカ国内の対象エリアならいつでも無料のデータ通信ができるソフトバンク。アメリカへの旅行や出張の予定があるなら、ソフトバンクならではの「アメリカ放題」を使い倒せます。

ソフトバンクの海外サービスを使ってスマホを海外で利用する場合、3つの選択肢があります。1つ目は、「海外あんしん定額」を利用する方法です。自分の好きなタイミングで24時間のデータ通信が行えるプランとなっており、料金設定は、渡航先によって「定額国L」と「定額国S」の2パターンがあります（飛行中の航空機内や公海を航行中の船舶でモバイルデータ通信が使える「飛行機・船」もあります）。人気の海外旅行先が多く含まれる「定額国L」では、24時間980円で3GBまでの高速通信ができます。また、ニッチな国・地域が含まれる「定額国S」は、24時間で利用できるデータ量によって1980円〜

●海外あんしん定額

申し込み必要

- 好きなタイミングで利用開始
- 人気の渡航先（アメリカ以外）でお得に使える「定額国L」とニッチな国・地域で使える「定額国S」を選べる
- 「定額国L」はデータ量を使い切っても、終了時間まで低速通信が使える
- 「定額国S」はデータ量を使い切ると自動でストップ
- 航空機内や船舶内で使える「飛行機・船」プランもある

利用条件
世界対応ケータイ、ウェブ使用料、4Gデータ通信基本料またはデータプランメリハリ無制限、データプランミニフィット＋などの対象プランの契約

エリア	利用時間	データ通信量	定額料金
定額国L	24時間	3GB	980円
	72時間	9GB	2,481円
定額国S	24時間	1MB	1,980円
	24時間	5MB	9,800円
	24時間	10MB	19,600円

● 定額国 L

タイ、台湾、中国、韓国、モルディブ、ドイツ、フランス、イタリア、グアム、オーストラリア、カナダ、メキシコ、ブラジルなど

● 定額国 S

バハマ、パレスチナ、ジンバブエ、イラン、ミクロネシア、ジブチ、アンドラ、レバノン、ベリーズ、ニューカレドニアなど

●アメリカ放題

申し込み不要

利用料金	利用条件
無料	世界対応ケータイの契約（無料）

対応機種	利用可能エリア
iPhone、iPad、スマートフォン、タブレット、ケータイ、モバイルデータ通信（Mobile Wi-Fi）	アメリカ本土、アラスカ、ハワイ、プエルトリコ、バージン諸島（アメリカ領） ※グアム、サイパンは対象外

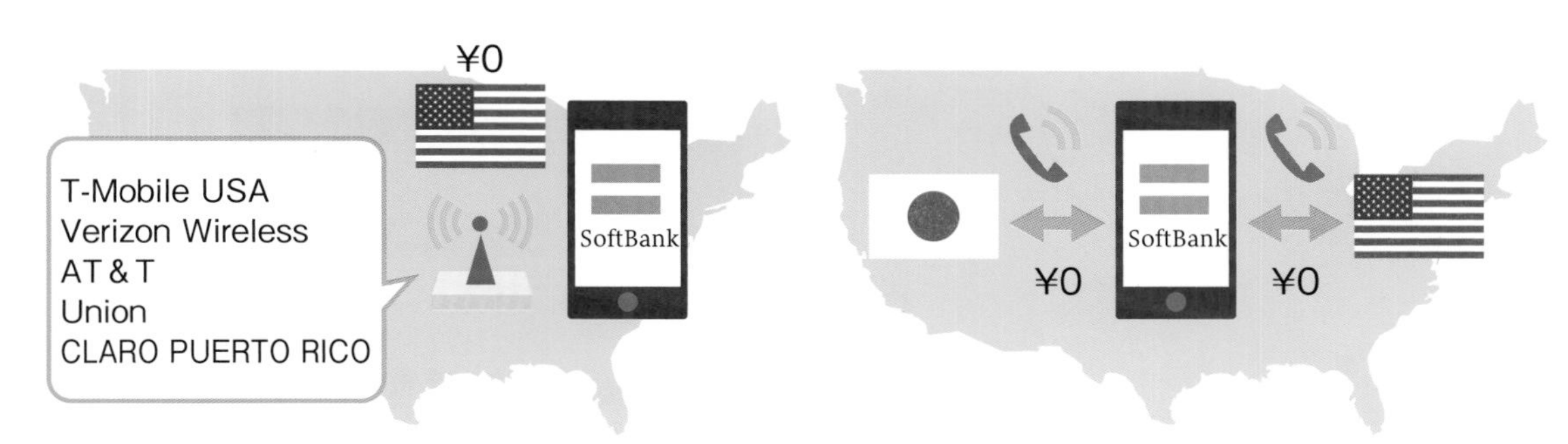

▲利用可能エリアで対象通信事業者のネットワークに接続すれば、モバイルデータ通信し放題になります。また、アメリカ滞在中の日本／アメリカ国内との通話も無料で使えます。ただし、そのほかの国への発信には1分210円の料金が必要です（着信は無料です）。

●海外パケットし放題

申し込み不要

利用料金

～25MB（5G／4G（LTE）の場合12.5MB）：0～1,980円／日
25MB（5G／4G（LTE）の場合12.5MB）～：2,980円／日

▲日本時間0時～23時59分59秒までを1日としています。現地時間ではないので注意しましょう。

利用条件	対応機種
世界対応ケータイの契約（無料）	iPhone、iPad、スマートフォン、タブレット、ケータイ、モバイルデータ通信（Mobile Wi-Fi）

1960円と幅があるのが特徴です。ただし、アメリカは「定額国L」にも「定額国S」にも含まれていません。アメリカでは、後述する「アメリカ放題」が適用されるためです。

2つ目は、「アメリカ放題」です。アメリカ放題は、読んで字のごとく、アメリカ国内（本土および、アラスカ、ハワイ、プエルトリコ、バージン諸島（アメリカ領））でデータ通信や通話が使い放題になるサービスです。ソフトバンクのアメリカ放題が、ドコモやauの海外サービスと一線を画すのは、アメリカ国内であれば、データ通信とアメリカ国内およびアメリカと日本間の通話が無料で利用できるところです。もちろん、SIMカードを挿し変える必要もなく、いつものスマホがそのまま使えるので、データローミングのオンとオフの切り替え以外に事前の準備は不要です。

そして、3つ目がドコモやauにも類似のサービスがある2段階パケット定額サービス「海外パケットし放題」を利用する方法で、1日最大2980円で使い放題のプランです。

海外あんしん定額の使い方

●渡航前

My SoftBankのWebサイトで「世界対応ケータイ」の加入状況を確認します。加入していない場合は、加入申し込みをします。

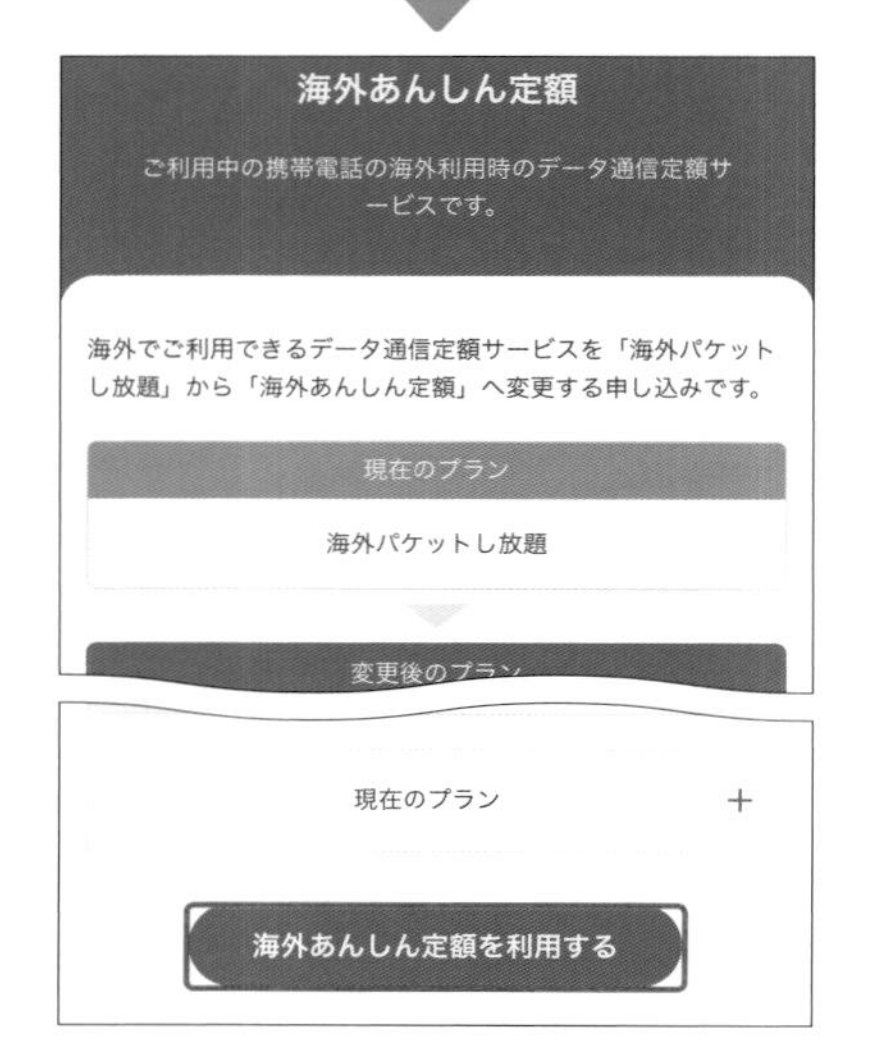

海外あんしん定額の専用サイト（https://roaming.mb.softbank.jp/sb/cp/）にアクセスし、＜海外あんしん定額を利用する＞をタップします。「同意する」にチェックを付け、＜申込＞→＜利用開始する＞の順にタップすると、海外で利用できるデータ通信定額サービスが海外あんしん定額に変更されます。

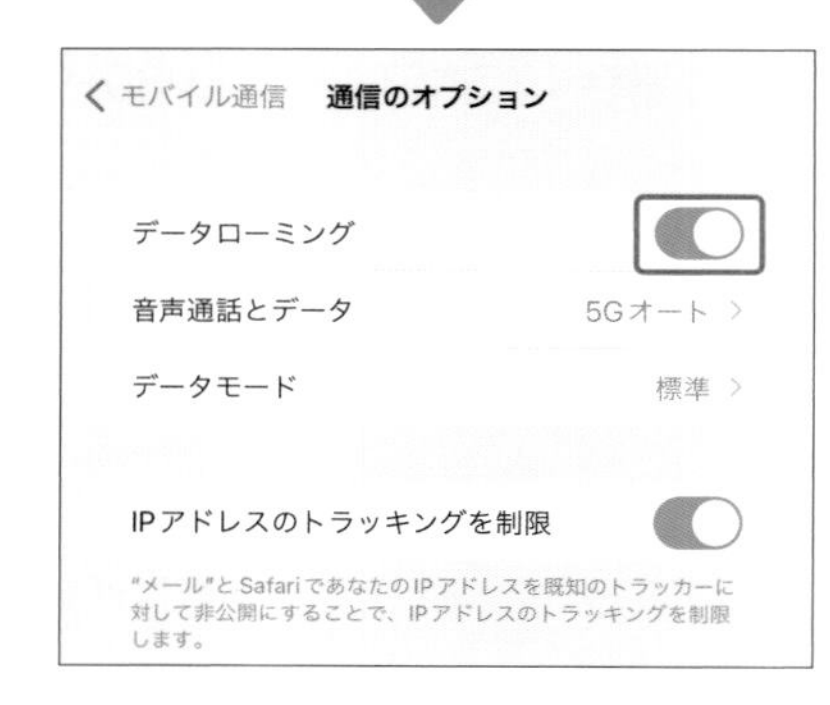

「設定」アプリを起動し、＜モバイル通信＞→＜通信のオプション＞の順にタップし、データローミングをオンにします。

●渡航後

現地到着時にソフトバンクから届くSMSまたは海外あんしん定額の申し込み完了時に届いたSMSに記載されているURL（https://roaming.mb.softbank.jp/sb/cp/）から海外あんしん定額の専用サイトにアクセスします。

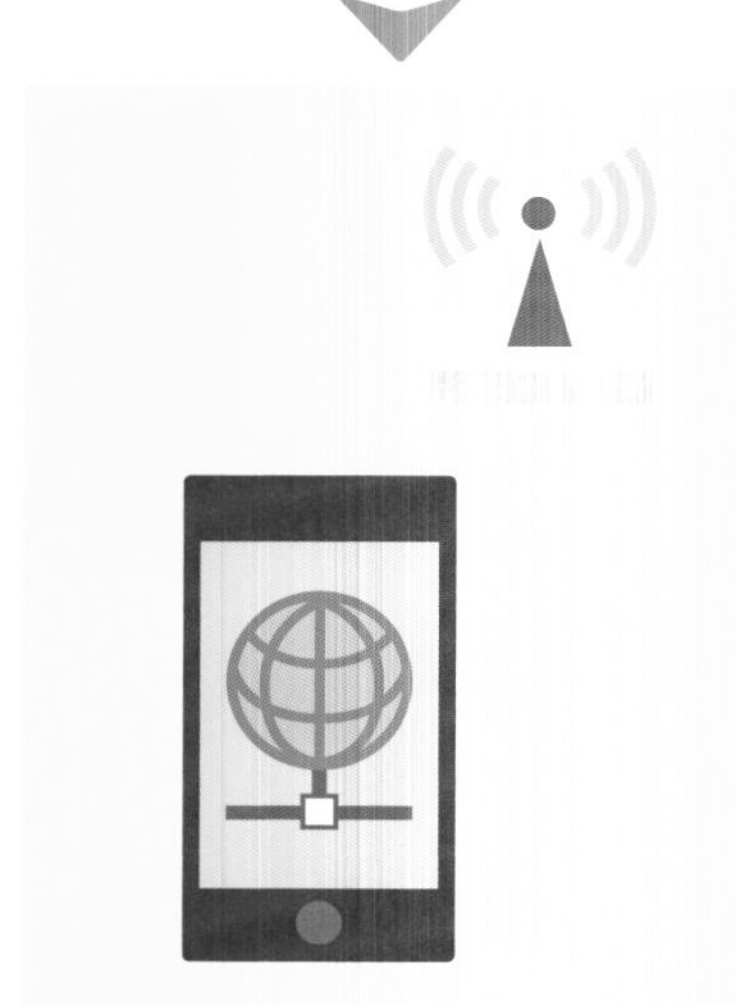

プランをタップして選択し、＜利用を開始する＞→＜利用を開始する＞の順にタップするとモバイルデータ通信が開始されます。

MEMO

プラン利用中に海外あんしん定額の専用サイトにアクセスすると、残り時間と残りのデータ量を確認できます。

どのプランも「世界対応ケータイ」オプションに加入していることなどが利用の条件になっていますが、海外あんしん定額のみ、別途利用の申し込みが必要となっています。「世界対応ケータイ」オプションは、My SoftBankのWebサイトやソフトバンクのショップから申し込みができ、海外あんしん定額は、専用サイトから申し込みができます。

なお、アメリカ以外の国・地域を訪れる場合に、海外あんしん定額の申し込みをしないと、海外でデータローミングを行ったときのプランは、自動的に海外パケットし放題が有効になります。たとえば、「定額国L」の対象エリアに渡航する場合、海外あんしん定額を利用すると3GBの高速通信が24時間980円ですが、海外パケットし放題では、25MB以上使うと1日2980円なので、3倍以上の差があります。申し込みは少し手間かもしれませんが、自分の好きなタイミングで利用開始できて無駄がなく、お得な値段でデータローミングができることは大きなメリットです。

スマホ海外旅行

楽天モバイルの海外サービスを利用しよう

申し込み不要でデータ通信や通話・SMSが無料！

楽天モバイルは海外で使った分のデータが実質無料。同行者も楽天モバイルなら通話やSMSの利用も無料なので、海外でもストレスなく使えます。

楽天モバイルでは、対応している69の国と地域でデータ通信を行うと、海外の高速データ通信に接続され、毎月2GBまでの高速通信が可能です（2GB超過後は最大128kbpsの低速通信が使えます）。また、高速データ容量を増やしたいときは、1GB500円で追加することもできます。

さらに、「Rakuten Link」アプリを使えば、海外での通話やSMSが無料になるのも魅力的です。海外旅行中に海外の電話番号に発信するのは有料なので、通話予定があるなら、国際通話かけ放題オプション（月額980円）への加入がおすすめです。

追加設定なしでそのまま使える！

●海外でのデータ通信は2GBまで高速通信が無料

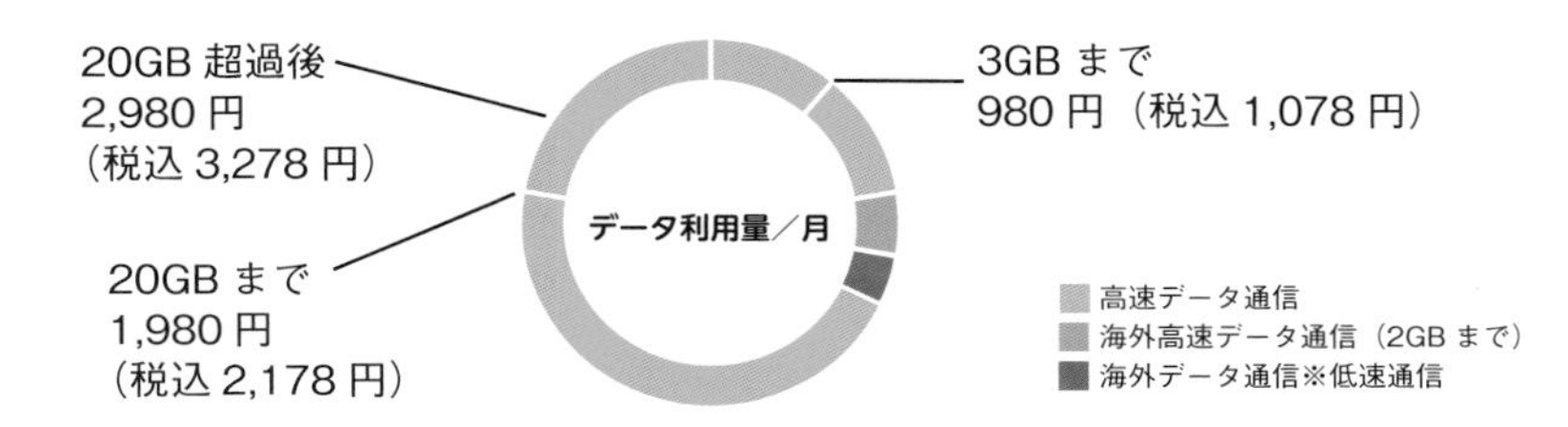

▲楽天モバイルの月額料金は、使ったデータ利用量によって３段階の定額制になっており、海外で使用したデータ利用量も、国内で消費したデータ利用量と合算してカウントされるしくみです。

●条件を満たせば国際通話や国際SMSが無料

			「Rakuten Link」アプリどうし		相手が「Rakuten Link」アプリでない	
			Android スマートフォン	iPhone	Android スマートフォン	iPhone
通話	発信	海外から日本の電話番号	無料	無料	無料	無料
		海外から海外の電話番号	無料	無料	有料（国・地域別従量課金）	有料（国・地域別従量課金）
	着信	－	無料	無料	無料	有料（国・地域別従量課金）
SMS	送信	海外から日本の電話番号	無料	無料	無料	有料（文字数によって変動）
		海外から海外の電話番号	無料	無料	海外指定66の国と地域：無料 そのほかの地域：有料（文字数によって変動）	有料（文字数によって変動）
	受信	－	無料	無料	無料	無料

スマホ海外旅行

気になる国際ローミング事情

格安SIMや格安スマホは海外で使えるの？

日本で格安SIMや格安スマホを使っている人にとって気になるのが、情報が少ない海外対応状況。海外でのデータローミングができない場合の代替案も併せて紹介します。

格安SIMや格安スマホは海外データローミングできない！？

	事前申し込み	利用できる機能
ahamo	不要	音声通話：○ SMS：○ データローミング：○（20GB／月（月間利用可能データ量内）、15日間の制限あり）
povo2.0	―	音声通話：× SMS：× データローミング：×
povo1.0 （新規受付終了）	不要	音声通話：○ SMS：○ データローミング：○
LINEMO	必要 （MNPのみ。新規契約の場合申し込み不可）	音声通話：○ SMS：○ データローミング：○
ドコモのエコノミーMVNO	必要：OCNモバイルONE 不要：トーンモバイル for docomo、LIBMO	音声通話：○（音声通話機能付きSIMのみ） SMS：○（音声通話機能付きSIMのみ） データローミング：×
UQ mobile	不要	音声通話：○ SMS：○ データローミング:○（4G LTE料金プランは×）
ワイモバイル	必要 （USIM／eSIM単体契約の場合申し込めないことがある）	音声通話：○ SMS：○ データローミング：○
mineo	不要	音声通話：○（ソフトバンク回線は×） SMS：○（ソフトバンク回線は×） データローミング：×
IIJmio	不要	音声通話：○（音声通話SIM・音声eSIMのみ） SMS：○（音声通話SIM・音声eSIMのみ） データローミング：×

MVNOって何？

MVNOは、電気通信事業者（携帯電話会社）の回線を借り受けて、通信サービスを行う事業者のことで、格安SIMの販売を行う事業者も含まれます。ここで紹介したものの内、mineoとIIJmio以外は厳密にはMVNOではありませんが、一緒に紹介します。

格安SIMや格安SIMとセット販売されている格安スマホを利用している場合、携帯電話会社が提供しているような海外データローミングを利用できないことがあります。一部のMVNOでは、国際通話とSMSの送受信に対応しているものの、国際データローミングによるインターネット接続には対応していないのが現状です。なお、国際通話とSMS対応のSIMカードでも、事前の申し込みが必要な場合があるので、発行元の公式Webサイトやユーザーサポートに確認しましょう。

国際データローミングに対応していないからといって、格安SIMカードを挿した端末や格安スマホが海外で使えないかという

Wi-FiがあればインターネットOK！

CASE1 無料Wi-Fi

▲ホテルやカフェなどで開放している無料Wi-Fiを利用すれば、通信費の節約にも。ただし、移動中など使いたいときにインターネットが使えないデメリットがあります。

CASE2 レンタルWi-Fiルーター

▲空港などでレンタルできるWi-Fiルーターは、家族やグループで共有すればコスパも上がります。

現地SIMやトラベルSIMも検討の余地あり

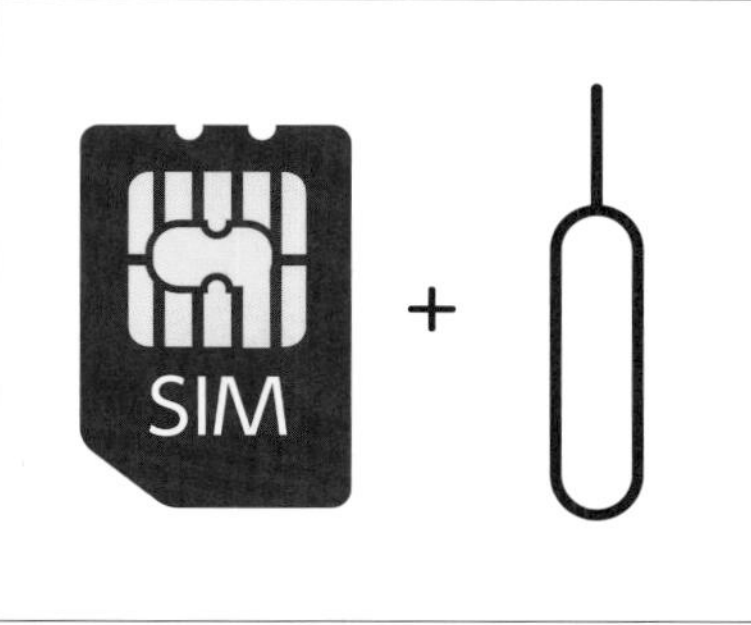

▲SIMロックフリー端末を使っている場合は、現地のプリペイドSIMを利用する手があります。現地SIMはハードルが高いという場合は、国内でトラベルSIMを用意してから出発するとよいでしょう。SIMカードの交換には専用のSIM取り出しツール（SIMピン）が必要な端末もあります。旅先で交換する場合は必ず持っていきましょう。

▼▶SIMの交換方法は、端末によってさまざまです。eSIMの場合は、SIMカードの交換がありません。

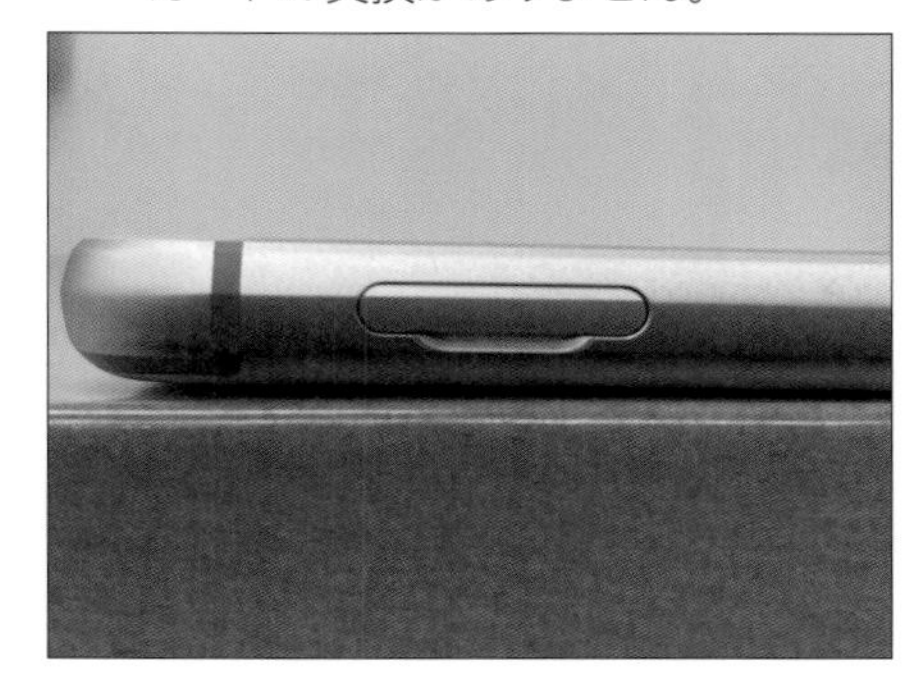

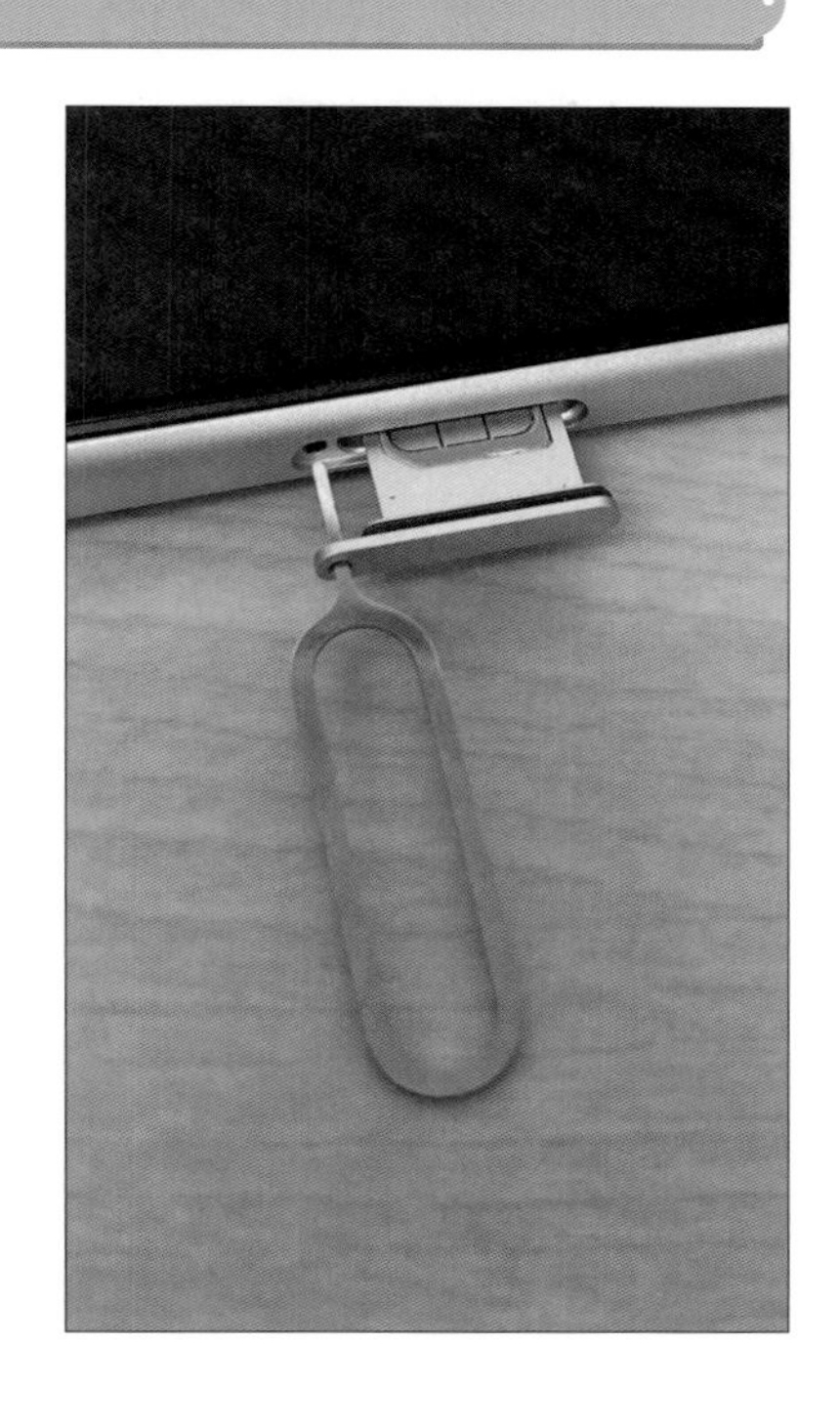

と、そんなことはありません。Ｗｉ－Ｆｉが利用できる環境があれば、インターネットに接続して、アプリを使ったメッセージや音声通話なども可能です。無料Ｗｉ－Ｆｉだけでは心許ないという場合は、Ｗｉ－Ｆｉルーター（Ｐ．０２６参照）をレンタルするのも１つの方法です。

もう１つの選択肢は、海外旅行用のＳＩＭまたは、現地でプリペイドタイプのＳＩＭ（Ｐ．０３６〜０４２参照）を購入する方法です。格安スマホは古いスマホでもＳＩＭフリーであることが多く、手続き不要でＳＩＭカードの差し替えができます。以前に携帯電話会社で購入したスマホをＭＶＮＯに乗り換えてそのまま使っている場合は、ＳＩＭロックの解除が必要なこともあります。

ただし、格安スマホに現地のＳＩＭカードを挿しても、そのＳＩＭの電気通信事業者が採用している周波数帯にスマホが対応していない場合は、通信できないことがあるので、注意が必要です（Ｐ．０３８参照）。

スマホ海外旅行

インターネット環境をみんなでシェア

家族で一緒に行動するならWi-Fiルーターが便利

家族旅行や友だちとのグループ旅行なら、Wi-Fiルーターがおすすめ。1台のWi-Fiルーターをみんなでシェアすることで、通信にかかる費用が抑えられます。

モバイルWi-Fiルーターは、持ち運びが可能な小型の無線通信機器です。持ち運びができることから、外出先でパソコンやスマホをインターネットに接続したいときに利用している人も多いでしょう。持ち運びができる利点を活かして旅行に携行すれば、携帯電話会社のネットワークが使えない場所でもインターネット環境を構築できるというわけです。ただし、日本で使用しているモバイルWi-Fiルーターは、海外では利用できません。

海外旅行の際には、渡航先専用のモバイルWi-Fiルーターをレンタルするのがおすすめです。あらかじめ渡航先のネットワークに合わせて設定されているので、

海外用モバイルWi-Fiルーターって何が違うの？

国内用→国内のネットワークに対応したSIMと設定

海外用→海外のネットワークに対応したSIMと設定

↓

国や地域のネットワーク専用

例外①

SIMフリーのモバイルWi-Fiルーター

現地のSIMカードを挿すことで渡航先でも利用可能

例外②

クラウドWi-Fiルーター

クラウドSIMサーバー内の最適なSIM情報を自動取得

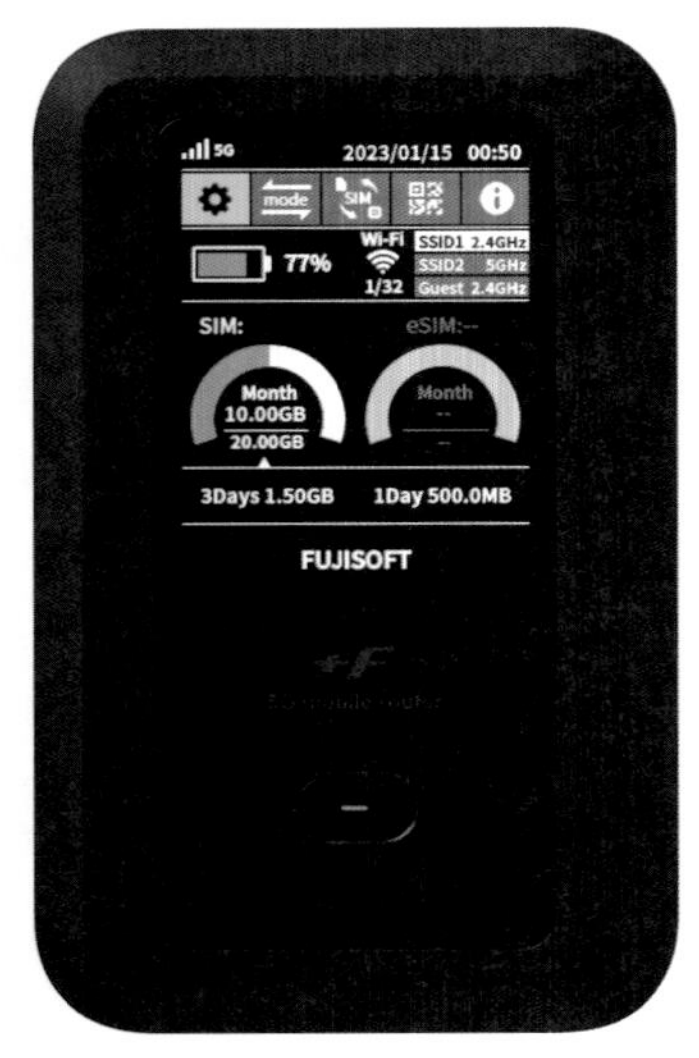

▲+F FS050W
販売元：富士ソフト
eSIMとnanoSIMカードのデュアルSIM採用。5G通信にも対応しており、海外で使用する場合は、対応バンド（周波数帯）の確認が必要。

▲GlocalMe G4 Pro
販売元：uCloudlink Co., LTD
SIMを挿し替えなくても世界140以上の国や地域で利用できる。スマホへの給電も可能。レンタルで広く採用。

 Wi-Fiルーターレンタルのメリット・デメリット

メリット

- 操作がかんたん
- 複数人で一緒に使える
- 受け取り／返却が空港でできる

デメリット

- 常に携行する必要がある
- 充電の必要がある
- 紛失や破損、遅延などのリスク

Wi-Fiルーターのレンタル料金は？

※価格.comのWebサイトを通じて韓国3日間の予定でレンタルした場合の1例（2023年5月10日時点）

グローバルWiFi	データ容量	通常価格	価格.com 限定価格	1日あたり
4G超大容量プラン	1.1GB／日	4,110円	1,902円	634円
4G無制限プラン	無制限	6,210円	2,481円	827円
5G無制限プラン	無制限	8,610円	6,408円	2,136円
WiFiBOX	**データ容量**	**通常価格**	**価格.com 限定価格**	**1日あたり**
1GB	1GB	2,070円	−	690円
無制限	無制限	2,970円	−	990円

▲モバイルWi-Fiルーターのレンタル料金は、行先やデータ容量によって変動するのが一般的です。「価格.com」のサイトを通じて契約すると、通常料金より大幅に安くなる「限定価格」が設定されているので、比較検討するとよいでしょう（価格.comに掲載されていない場合もあります）。

POINT 1
4Gまたは5G対応の機器をレンタルする

POINT 2
容量には少し余裕を持つ

POINT 3
補償制度を確認する

POINT 4
手数料に注意する

POINT 5
国ごとのインターネット規制に注意する

現地に到着したら電源をオンにするだけで、あとはスマホ側でWi-Fiを利用するようにSSIDを選んでパスワードを入力すれば、すぐにインターネットに接続できます。

料金は、レンタル会社や、渡航エリア、データ通信の容量によって異なりますが、「価格.com」のWebサイトから申し込むと、かなりお得な限定価格が適用されることがあります。

モバイルWi-Fiルーターのメリットは、複数人で利用できることです。常に一緒に行動することが前提になりますが、グループ旅行での活躍が見込めます。容量が少ないと1人あたりの通信量が限られてしまうので、大容量や容量無制限プランを選びましょう。

そして、インターネットの利用が規制されている国に行くときにもモバイルWi-Fiルーターはおすすめです。たとえば、中国では、国内のインターネットからLINEやGoogleなどのサービスを利用できません。規制を回避できるモバイルWi-Fiルーターをレンタルするとこうしたサービスの利用が可能なので、検討してみるとよいでしょう。

スマホ海外旅行

海外用Wi-Fiルーターをレンタルしよう

受け取りも返却も空港で

旅行の予定が決まったら、海外用Wi-Fiルーターをスマホから予約しましょう。レンタルしたルーターは、空港カウンターで受け取りと返却ができます。

海外でも使用可能なモバイルWi-Fiルーターは、購入することもできますが、旅行の間だけ利用するならレンタルを利用すると便利です。ここでは、海外用Wi-Fiルーターの一般的なレンタル方法の流れを見ていきましょう。

海外用Wi-Fiルーターレンタルの流れは、次の4つのシーンに分かれます。①申し込み、②Wi-Fiルーターの受け取り、③現地で利用、そして④Wi-Fiルーターの返却です。このうち、申し込みはレンタル会社のWebサイトから行います。料金比較サイトで渡航先や日数を入力すると、お得なレンタル会社や口コミを確認できます。補償のオプショ

スマホでWi-Fiルーターを申し込もう！

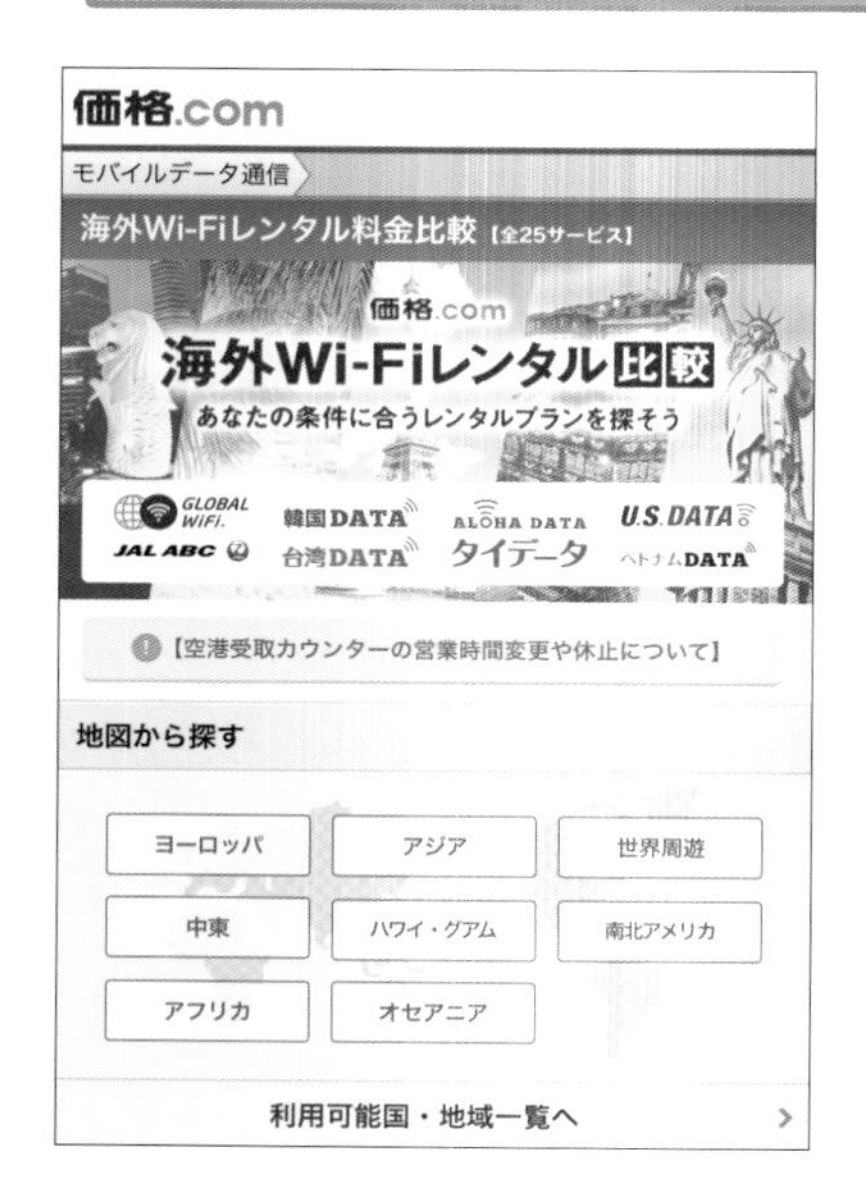

◀海外Wi-Fiルーターは、スマホのインターネットブラウザアプリから各レンタル会社のWebサイトなどにアクセスして申し込みます。「価格.com」を経由して申し込むと、限定価格が適用されてお得に利用できます。また、一部のレンタル会社では、空港のカウンターで当日申し込みもできます。

空港でWi-Fiルーターを受け取ろう！

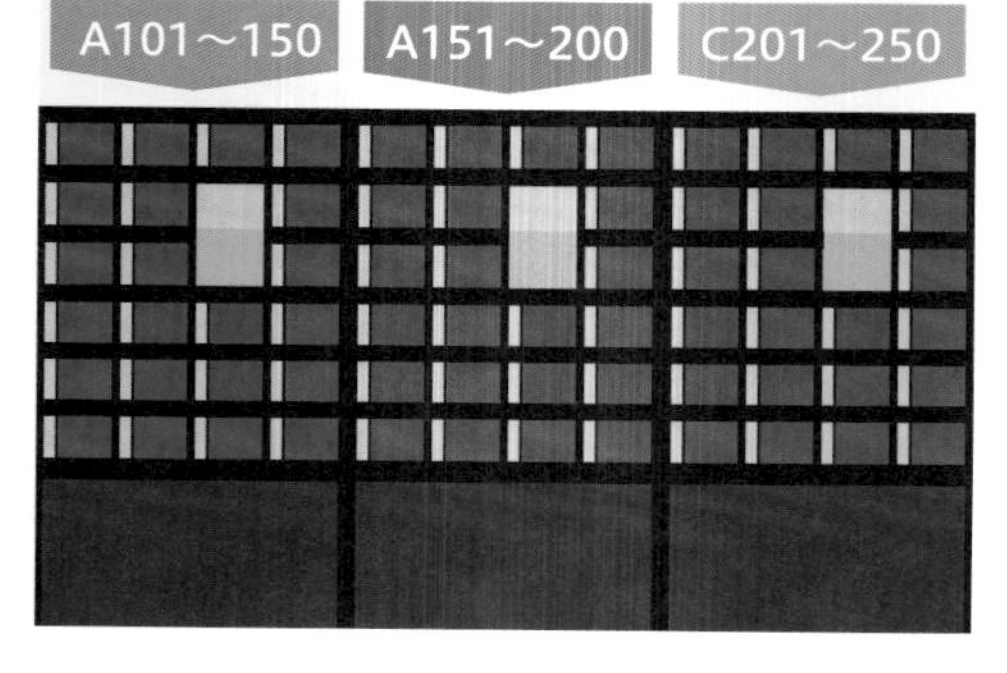

▲▶申し込み時に指定した空港でルーター一式を受け取ります。受け取りカウンターやロッカーは出国ゲートの外側にあるので、出国手続きを行う前に必ず受け取りましょう。

海外でWi-Fiルーターを利用しよう！

渡航先に到着したら、Wi-Fiルーターの電源を入れて、ルーターの画面または本体のシールに記載されているSSID（ネットワーク名）とパスワードを確認します。

スマホでWi-Fiをオンにして、接続可能なネットワーク一覧から、ルーターのSSIDと同じものを探してタップします。

パスワードを入力するとインターネットに接続できます。

空港でWi-Fiルーターを返却しよう！

◀▶空港に到着後、レンタルしたルーター一式を指定のカウンター、または返却ポストに入れて返却します。うっかり空港で返却し忘れた場合は、送料自己負担で郵送となるので注意が必要です。

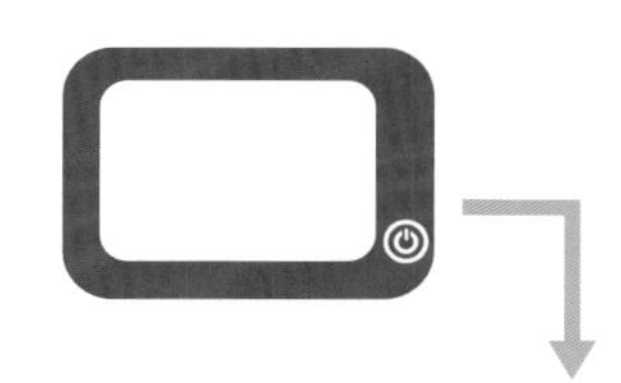

ンは申し込み時に選択できます。

　Ｗｉ－Ｆｉルーターの受け取りと返却は、空港の専用カウンターや専用ロッカーで対応しています。事前に受け取りたい場合は、宅配してもらうことも可能ですが、別途送料や事務手数料がかかります。なお、空港での受け取りにも、５００円程度の手数料がかかることがあります。

　Ｗｉ－Ｆｉルーターは、あらかじめ渡航先で使えるように設定されているので、現地に着いたら電源を入れて、スマホやパソコンからＷｉ－Ｆｉルーターに接続すればすぐに使用できます。ネットワーク名（ＳＳＩＤ）とパスワードは、Ｗｉ－Ｆｉルーターの初期画面かＷｉ－Ｆｉルーター本体のシールに記載されています。現地では、データローミングの設定に気を付けましょう（Ｐ．０１４参照）。

　帰国したら、レンタルしたＷｉ－Ｆｉルーターのパッケージ一式を空港カウンターや返却ポストに返却します。料金の支払いは、申し込み時にクレジットカードで決済するのが一般的ですが、コンビニ払いなどに対応していることもあります。

パケットを節約するなら

基本は無料！現地の無料Wi-Fiを活用しよう

データローミングやレンタルWi-Fiルーターを契約していても、通信量は気になります。無料で開放されているWi-Fiの利用は、パケットの節約にもつながります。

海外でインターネットに接続する方法の1つに現地で提供される「無料Wi-Fi」があります。無料Wi-Fiは、ホテルや空港、カフェなどで開放されているWi-Fiネットワークで、日本では「公衆無線LAN」や「フリーWi-Fi」などと呼ばれることもあり、電波が届く範囲であれば、誰でも無料で利用できます。

公共施設やホテル、レストラン以外にも、都市部を中心に市街地や公園など、無料Wi-Fiが普及している地域もあります。ただし、そうした場所では、不特定多数の人が同じネットワークに集中するため、通信速度やセキュリティ面に不安が残ります。

また、無料Wi-Fiの設備を

空港やカフェ、ホテルの無料Wi-Fiを使おう！

◀無料でWi-Fiを提供しているエリアには、多くの場合「Free Wi-Fi」や「WiFi Zone」などのステッカーや看板が掲示されています。

無料Wi-Fiのメリット・デメリット

メリット	デメリット
●無料で利用できる ●Wi-Fiルーターを持ち歩く必要がない	●利用場所が限定される ●セキュリティ面に不安がある ●ログイン画面が現地語で読めないことがある ●現地の電話番号が必要な場合がある

▲無料Wi-Fiは、ルーターなどの機器を持ち歩く必要がない一方で、移動中に地図を見たいときやアプリでタクシーを呼びたいときなどにフレキシブルな対応ができない面もあります。

Wi-Fiに接続しよう！

ブラウザが起動します（自動で起動しない場合は、手動でインターネットブラウザアプリを起動します）。<accept><connect> <online><enter>などと表示されるボタンをタップします。

ユーザー登録／ログインが必要ない場合はここまで

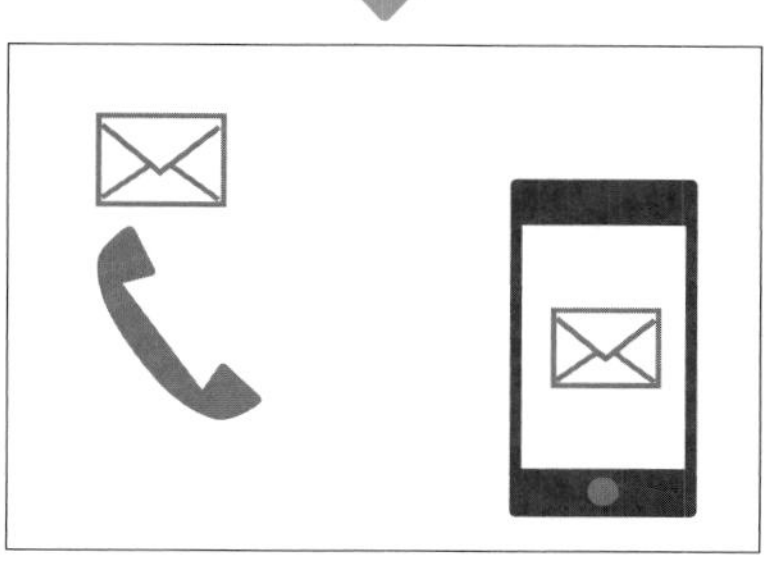

メールアドレスまたは電話番号などを入力してユーザー登録／ログインします。このまま利用できる場合と、メールやSMSの認証が必要な場合などがあります。

設定アプリで「Wi-Fi」画面を表示し、接続するアクセスポイントをタップします。

パスワードを入力して<接続>をタップします。鍵マークのないアクセスポイントの場合は、パスワードの入力がありません。

パスワードのみの場合はここまで

VPNアプリでWi-Fiを安全に利用しよう！

ノートン セキュア VPN
提供：NortonLifeLock, Inc.
【iPhone】【Android】
年額：3,290円（1台）

フリーWi-Fiプロテクション
提供：Trend Micro Incorporated
【iPhone】【Android】
月額：280円（1台）、自動更新
年額：2,900円（1台）

◀VPN（Virtual Private Network）は、暗号化されていない公衆無線LANなどに接続した際に、インターネット上に仮想の専用線を作って、端末とアクセスポイントの通信内容を暗号化することで個人情報を保護する技術です。スマホにVPNアプリをインストールしておくと設定がかんたんに行えます。

うたうホテルでも、無料エリアはロビーのみで、客室のＷｉ－Ｆｉは有料というケースも少なくありません。さらに、チェーンのカフェやレストランのＷｉ－Ｆｉサービスでは、ユーザー登録の際にメールやＳＭＳで認証コードを受け取るタイプも多く、登録操作の時点で結局データローミングを使うといったこともあります。

インターネットは、１日１回メールチェック程度でＯＫという人を除いて、無料Ｗｉ－Ｆｉだけで旅行を乗り切るのは、あまり現実的ではありません。あくまでも、海外データローミングサービスやレンタルＷｉ－Ｆｉルーターの通信量の節約のために利用すると考えておけば間違いありません。

無料Ｗｉ－Ｆｉの利用には、スマホの設定アプリでＷｉ－Ｆｉの接続設定が必要になります。そのとき、鍵マークが付いていないアクセスポイントはできるだけ避けて、身元がわかるものを選ぶようにしましょう。接続に必要なパスワードは、ホテルや店舗スタッフに聞けば教えてくれます。セキュリティが不安な場合は、ＶＰＮアプリを利用するとよいでしょう。

スマホ海外旅行

海外の公衆無線LAN事情を確認しよう

電車やバスの中で使える地域も

写真や動画を撮影したら、現地からSNSに投稿したい人も多いでしょう。そこで、渡航先として人気の地域をピックアップして、無料Ｗｉ－Ｆｉ事情を紹介します。

旅行者が訪れる国や地域の多くは、都市部を中心に無料で利用できる公衆無線ＬＡＮ（以下、無料Ｗｉ－Ｆｉ）が整備されています。空港やカフェなど無料Ｗｉ－Ｆｉの定番スポットのほか、図書館や公園、電車やバスなど公共機関で利用できるケースもあります。

しかし、無料Ｗｉ－Ｆｉには、多くの人がアクセスしてつながりづらい、通信速度が遅いといった現実もあります。海外の観光都市での無料Ｗｉ－Ｆｉ事情はどうなのかは、気になるところです。

ここでは、旅行者に人気の都市をいくつかピックアップして、その都市の無料Ｗｉ－Ｆｉ事情を紹介します。

無料Wi-Fiってどれくらい使えるの？

カフェ

レストラン／ファストフード

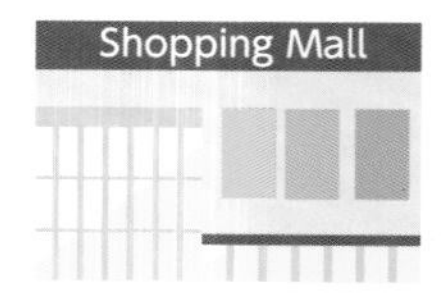

ショッピングモール

ホテル

図書館／公共施設

公園／観光スポット

公共交通機関（駅など）

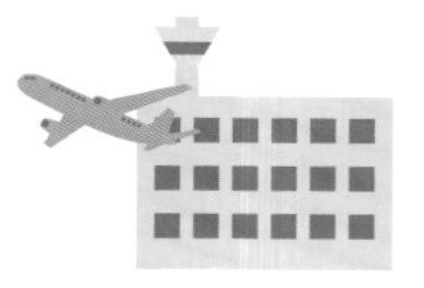
空港

国や地域によってWi-Fi事情は異なりますが、無料Wi-Fiが浸透している地域では、一度ログインしたら無制限で使えるものや、1時間、2時間など時間制限を設けているものなどがあります。人が多くアクセスが集中する場所では、通信速度が遅いことも少なくありません。

台湾

▼主な利用場所
公共施設、コンビニ、カフェ、空港、駅、ホテル、など

Wi-Fi先進国ならではのサービス

台湾に行くなら、「iTaiwan」に登録しましょう。iTaiwanは台湾政府が提供する無料Wi-Fiサービスで、空港のツーリストサービスセンターやWebサイトから登録可能です。また、iTaiwanのアカウントがあれば、台北の「Taipei Free」など台湾各地の主要な無料Wi-Fiにもログインできます。

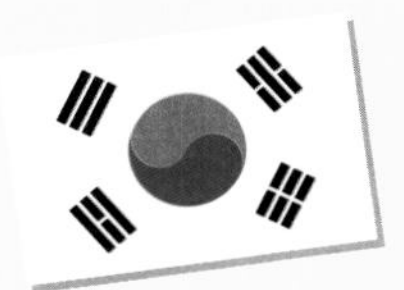

韓国

▼主な利用場所
カフェ、ファストフード店、空港、駅、ホテル、地下鉄、公共施設など

無料Wi-Fiは充実。ただし、つながりづらいことも

韓国の首都ソウルには、さまざまな無料Wi-Fiスポットが設置されていますが、残念ながら現地の電話番号を取得しないと利用できません。ソウルで無料Wi-Fiを使いたいときは、カフェを利用するのがおすすめです。一方、釜山では、外国人観光客でも人気の観光地で利用可能な無料Wi-Fi「Dynamic Busan」などが釜山市から提供されています。また、無料ではありませんが、コンビニなどでプリペイド式のWi-Fiサービス「KT WiFi」（旧Ollen WiFi）を購入すると、1日約330円程度でさまざまな場所でWi-Fi接続できるようになります。

中国

▼主な利用場所
カフェ、レストラン、空港、ショッピングモール、公共施設など

SNSの利用には工夫が必要

中国本土では、上海や北京といった都市部を中心に無料Wi-Fiが普及しています。とくに、上海では、政府と携帯電話事業者が公共施設のWi-Fi化を進め、駅やバスターミナル、公園、病院などにWi-Fiスポットを設置しています。個人経営のカフェでも無料Wi-Fiが設置されている場合があります。しかし、中国ではインターネット規制があるため、無料Wi-Fiに接続するとLINEやGoogleサービスなどにはアクセスできません。また、スターバックスやマクドナルドの無料Wi-Fiでは、利用するにあたり中国の携帯電話番号によるSMS認証が必要になります。

香港

▼主な利用場所
主要観光施設、ショッピングモール、公園、空港、地下鉄駅、ホテル、カフェなど

公共の無料Wi-Fiが充実

香港は、空港やMTR（地下鉄）駅のほか、ホテルやカフェ、ファストフード店、公共施設など無料Wi-Fiが充実している都市の1つです。香港政府らによる「WiFi.HK」は香港全域をカバーし、市民のみならず旅行者にも開放されています。使用条件はプロバイダーによって異なりますが、基本的に利用規約に同意するだけで、パスワードの設定などは不要です。なお、香港と同じく特別行政区であるマカオでは、マカオ政府らによる無料Wi-Fiサービス「FreeWiFi.MO」が便利です。

アメリカ・ハワイ

▼主な利用場所
カフェ、レストラン、公園、図書館、一部の交通機関、ホテル・モーテル、空港、ショッピングモールなど

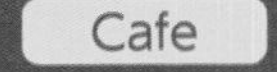

市街や美術館でも利用できる

Wi-Fi大国ともいわれるアメリカ本土では、さまざまな場所で無料Wi-Fiにアクセスできます。ニューヨーク市内では「LinkNYC」という事業が進められており、街頭に設置されている無料Wi-Fiスポットでスマホの充電も可能です。ハワイではホテルやショッピングモール、旅行代理店やクレジットカード会社のラウンジなどからも無料Wi-Fiにアクセスできます。また、観光客に人気の公園や国立公園などでも無料Wi-Fiが整備されています。モバイルネットワークが圏外になるような場所で無料Wi-Fiにつながるケースもあるので、試してみましょう。

タイ

▼主な利用場所
公共施設、観光スポット、カフェ、レストラン、ショッピングモール、空港、駅、ホテル、など

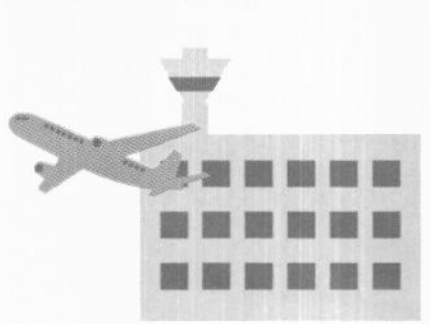

空港ではGoogleの高速Wi-Fiが使える

アジア有数の観光地・タイでは、政府が運営する無料Wi-Fiサービスが便利です。駅構内やバスターミナル、観光スポットなどで利用可能な「Free Public WiFi」は、パスポート番号を登録してパスワードを入手します。「Free Public WiFi」のSSIDは「ICT_FREE_Wi-Fi」で、1回の接続につき2時間の利用が可能です。ほかにも、カフェやショッピングモールなどで無料Wi-Fiが使えます。

シンガポール

▼主な利用場所
空港、駅、ホテル、カフェ、ショッピングモール、観光スポット、公共施設など

IT大国のWi-Fi事情

政府が運営する無料Wi-Fiサービス「Wireless@SG」がシンガポール国内を広くカバーしています。利用には、Wireless@SGのホットスポット内でSSID「Wireless@SG」にアクセスし、日本で使っている携帯電話番号と表示されているコードを入力して、SMSに届くワンタイムパスワードを入力することが必要です。これで、空港や地下鉄の駅、ショッピングモール、観光スポットなど10,000箇所以上で無料Wi-Fiが利用できます。もちろん、日本やほかの地域と同じくカフェやレストランなど独自の無料Wi-Fiも併用すればさらに便利です。

ドイツ

▼主な利用場所
空港、ホテル、カフェ、鉄道など

駅や特急列車内で無料Wi-Fiが使える

ドイツでは、外国人観光客が訪れる場所に高確率で無料Wi-Fiが設置されており、年々設置場所が増加しています。中でも、DB（ドイツ鉄道）の駅やICE（特急列車）で利用できる無料Wi-Fiサービスは、鉄道旅行をする人の強い味方になっています。なお、ドイツの場合テロ対策などの理由で、SIMカードの購入に制限が設けられており、現地でSIMを購入することが旅行中は難しいため、無料Wi-Fiが心許ない場合は、日本にいるうちにドイツで使えるSIMを購入しておくか、ほかの通信手段を確保しておくとよいでしょう。

イタリア

▼主な利用場所
空港、ホテル、カフェ、一部の鉄道など

イタリアの電話番号があれば無料Wi-Fiが便利

ローマ県が運営する「WiFi Metropolitano」というサービスの利用が便利で、登録すればほかの都市で「Free Italia WiFi」を利用できる嬉しい特典がありますが、現地の電話番号が登録時に必要です。ミラノでは、「Open Wi-Fi Milano」が誰でも利用できます。ただし、1時間300MBまでの利用制限が設けられています。なお、イタリアの場合大手チェーンのカフェやレストランの無料Wi-Fiは現地の電話番号でSMS認証をしないと接続できないことも多いようです。観光中は、Wi-Fi Freeのステッカーのある個人経営のお店の利用がおすすめです。

フランス

▼主な利用場所
空港、ホテル、カフェ、公園、公共施設など

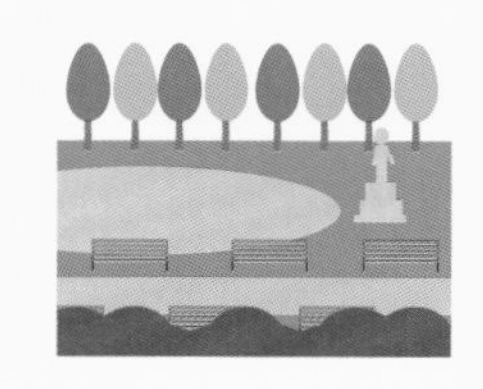

都市部では無料Wi-Fiが使える

フランスの首都パリでは、パリ市が運営する無料Wi-Fiサービス「Paris Wi-Fi」が利用できます。Paris Wi-Fiは、1回につき2時間まで公園や図書館など市営の施設を中心に接続できます。ほかにも、空港やホテル、カフェ、商業施設などで無料Wi-Fiが使えます。また、観光客が多く訪れるリゾート地などでは、公園やビーチといった屋外でも利用できる無料Wi-Fiが用意されていることもあります。

コストパフォーマンスは最高！

現地のプリペイドSIMを利用しよう

SIMの購入や設定に抵抗がない人にとって、コスパが高い現地のプリペイドSIMは、ベストチョイス。現地SIMを使うための条件や購入方法をチェックしましょう。

私たちが日本国内で使っているスマホには、携帯電話会社やMVNOが発行するSIMが入っていますが、渡航先の国で販売されているプリペイドタイプのSIMに挿し替えることで、現地の携帯電話番号やインターネットを直接利用できます。現地SIMを利用する最大のメリットは、日本のSIMでデータローミングするよりも安価に安定した通信ができることです。国や期間にもよりますが、日本の携帯電話会社の24時間利用できるデータローミングが980円程度、現地SIMなら1日あたり約600円程度になります。

また、音声通話込みのSIMなら、同行者との連絡やお店の予約など渡航先国内での電話やSMS

プリペイドSIMって何？

プリペイドSIMは、その名の通り前払いで料金をチャージして使用するタイプのSIMです。英語圏では、「Pay as you go」や「PayG」と呼ばれることもあります。プリペイドSIMカードは空港または携帯ショップ、家電量販店、AmazonなどのECサイトなどで購入できます。また、eSIMに対応しているスマホの場合、eSIMタイプのプリペイドSIMを購入して利用することもできます。eSIMの手続きは、購入からインターネット開通まですべてオンラインで完結します。そのため、店頭に足を運んだり、ECサイトからの到着を待ったりする手間と時間がかかりません。さらに、SIMカードを取り出して交換することもないので、日本で使っているSIMを紛失する心配がなく、SIMカードの初期不良で使えないというトラブルを回避できます。

◀海外で現地のプリペイドSIMカードを購入した場合は、日本のSIMと入れ替えて使用します。デュアルSIM対応のスマホでは、2枚のSIMカードを共存させることも可能です。

プリペイドSIMのメリット・デメリット

メリット

- 現地通話やデータ通信費が安く抑えられる
- 時間を気にせず使える
- ルーターなどの機器を持ち歩く必要がない

デメリット

- SIMフリースマホまたはスマホのSIMロック解除の必要がある
- SIM購入の手間がかかる
- SIMカードの抜き挿しや設定が必要なため、一定の知識を要する

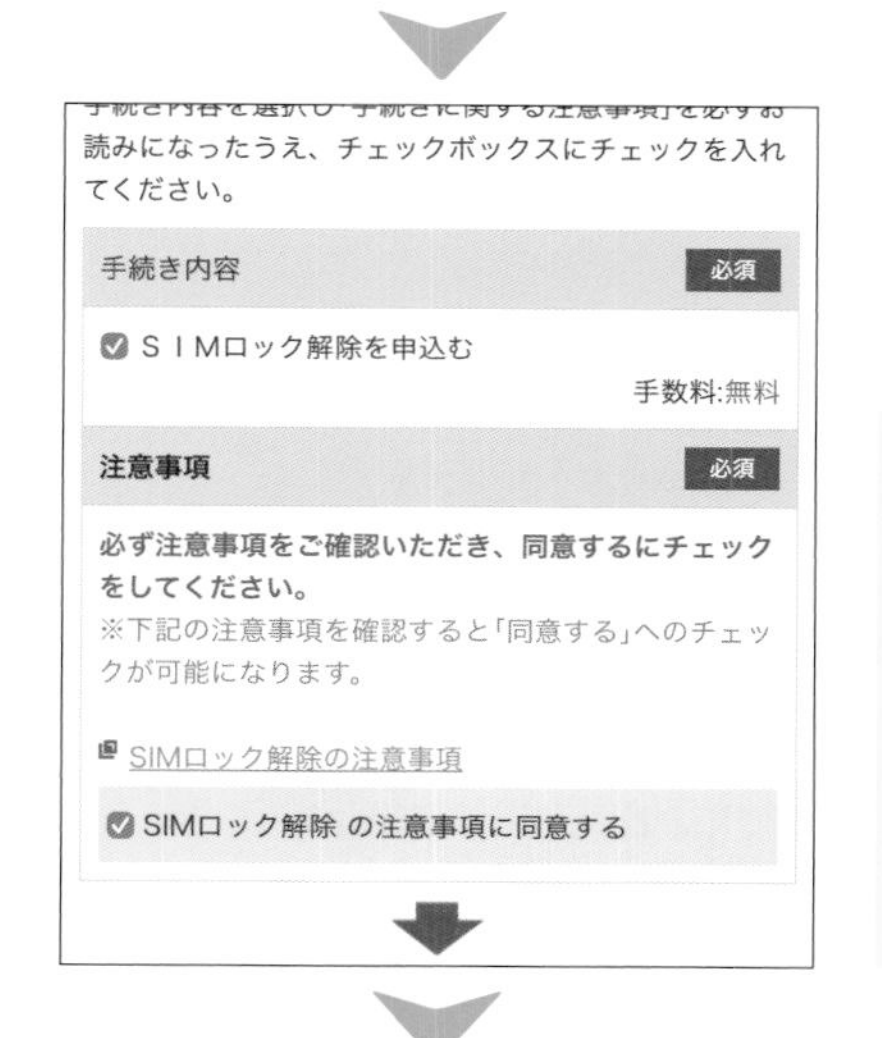

「SIMロック解除を申し込む」にチェックが付いていることを確認し、「SIMロック解除の注意事項」をよく読んで、＜SIMロック解除の注意事項に同意する＞をタップしてチェックを付けます。

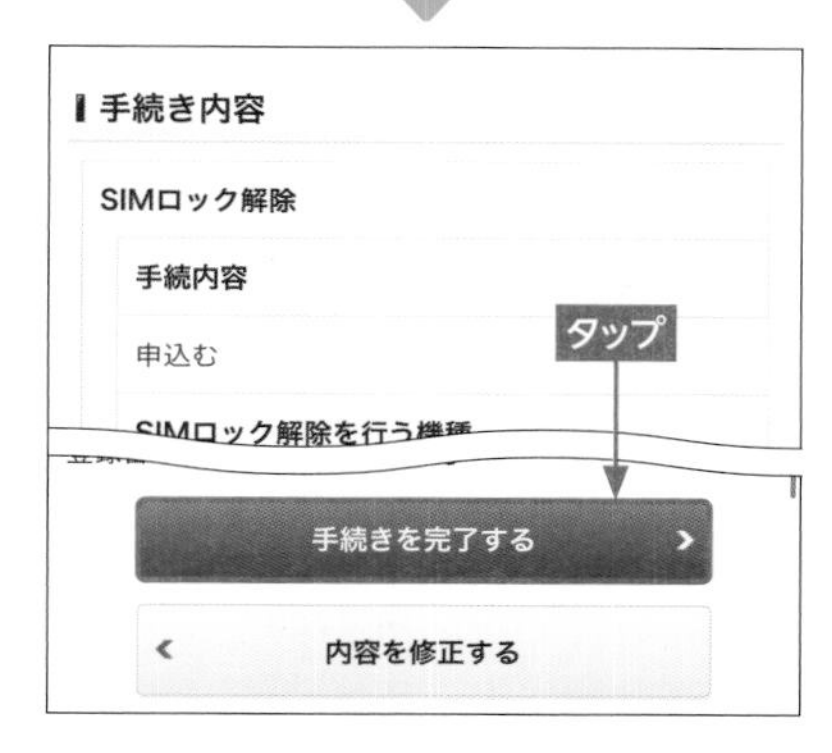

＜次へ＞をタップして手続き内容を確認し、＜手続きを完了する＞をタップします。Androidスマートフォンの場合は、受付確認メールでSIMロック解除コードが届きます。

auのスマホのSIMロック解除は、「My au」アプリで＜サポート＞→＜契約情報の確認・変更＞→＜お問い合わせ／お手続き＞→＜SIMカードに関するご案内＞から、ソフトバンクのスマホのSIMロック解除は、Webブラウザで「My SoftBank」の「SIMロック解除手続き」ページ（https://my.softbank.jp/msb/d/webLink/doSend/MWBAA0075）から行えます。

ドコモのスマホのSIMロックを解除しよう！

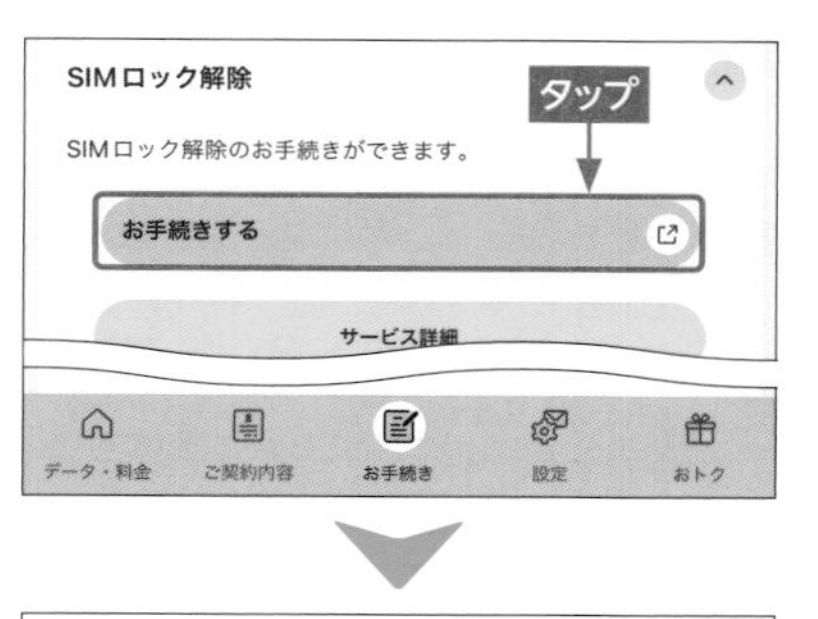

「My docomo」アプリで＜お手続き＞→＜解約・その他＞→＜SIMロック解除＞→＜お手続きする＞の順にタップします。

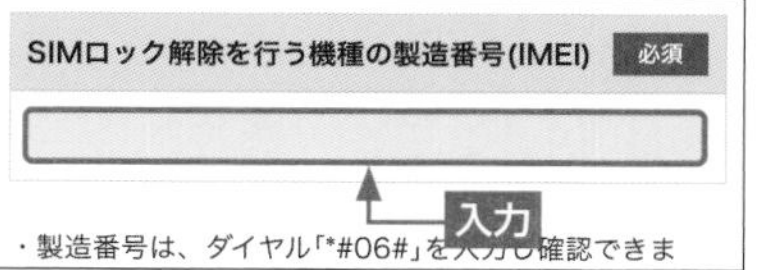

SIMロック解除を行うスマホの製造番号（IMEI）を入力します。

MEMO

製造番号（IMEI）は、「電話」アプリのキーパッドで「*#06#」と入力すると表示されます。また、iPhoneでは、＜設定＞→＜一般＞→＜情報＞、Androidスマートフォンでは、＜設定＞→＜デバイス情報＞から製造番号（IMEI）を確認することも可能です。デュアルSIM対応のスマホの場合、製造番号（IMEI）が2つ表示されますが、SIMロック解除の手続きで必要になるのは、「IMEI」のみや「物理的SIM」、「SIMスロット1」などと表示されているほうの番号です。

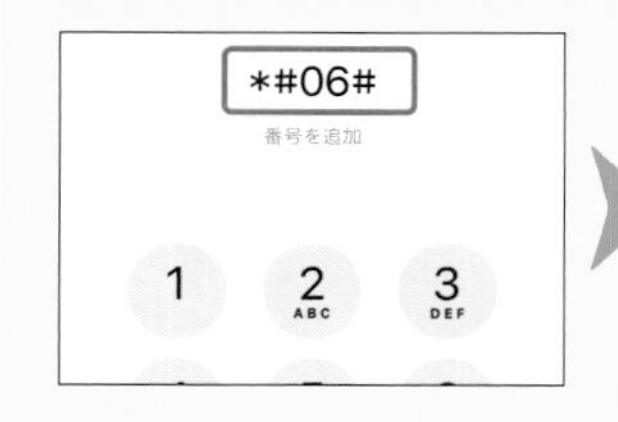

が国際料金になりません。

　しかし、日本のSIMカードから現地のSIMカードに挿し変えると、日本の電話番号が使えなくなるので、日本にいる人との通話は、LINEなどのアプリを使うといった工夫が必要です。ただし、デュアルSIM対応のスマホがあれば、SIMカード2枚やSIMカード1枚とeSIM1つ、eSIM2つなど、2つのSIMが同時に利用できるので、日本の電話番号を通話用にしながら、現地SIMでデータ通信をするといった使い分けが可能です。

　現地SIMを利用できるスマホには2つの条件があります。1つ目は、SIMフリーまたはSIMロック解除済みのスマホであることです。2021年9月以前からドコモやau、ソフトバンクで契約しているスマホには、SIMロックがかかっており、解除手続きが必要です。各携帯電話会社のショップやオンラインで解除の手続きをしましょう。ショップで手続きを行うと、3000円程の手数料がかかります。なお、2011年4月〜2015年4月に発売されたドコモのスマホはショップ手続きのみの対応です。

アメリカと韓国の周波数帯

現地SIMやデータローミングサービスを利用する場合は、スマホが対応する周波数帯と渡航先の携帯電話会社が使用する周波数帯を事前に確認しておきましょう。

国	携帯電話会社	5Gバンド	4Gバンド
アメリカ	Verizon	n5（850MHz）、n66（1.7/2.1GHz）、n2（1.9GHz）、n40（2.3GHz）、n77（3.7GHz）、n261（28GHz）、n260（39GHz）	13（700MHz）、5（850MHz）、4（1.7GHz）、66（1.7GHz）、2（1.9GHz）、30（2.3GHz）
	AT&T	n5（850MHz）、n77（3.7GHz）、n260（39GHz）	29（700MHz）、12（700MHz）、17（700MHz）、14（700MHz）、5（850MHz）、4（1.7GHz）、66（1.7GHz）、2（1.9GHz）、30（2.3GHz）
	T-Mobile	n71（600MHz）、n5（850MHz）、n66（1.7/2.1GHz）、n2（1.9GHz）、n41（2.5GHz）、n77（3.7GHz）、n258（26GHz）、n261（28GHz）、n260（39GHz）	71（600MHz）、12（700MHz）、13（700MHz）、5（850MHz）、4（1.7GHz）、66（1.7GHz）、2（1.9GHz）、30（2.3GHz）
韓国	SK Telecom	n78（3.5GHz）、n257（28GHz）、3、7、8	5（850MHz）、3（1.8GHz）、1（2.1GHz）、7（2.6GHz）
	KTF	n78（3.5GHz）、n257（28GHz）	8（900MHz）、3（1.8GHz）、1（2.1GHz）
	LG Telecom	n78（3.5GHz）、n257（28GHz）	5（850MHz）、1（2.1GHz）、7（2.6GHz）

各携帯電話会社で販売しているスマホの対応周波数帯はホームページなどで確認できます。

●ドコモ「対応周波数帯」
https://www.docomo.ne.jp/binary/pdf/support/product/band.pdf

●au「au携帯電話などの対応周波数帯一覧」
https://www.au.com/support/service/mobile/procedure/simcard/unlock/compatible_network/

●ソフトバンク「SIMロックが解除可能な機種及びSIMフリー機種の周波数帯一覧」
https://www.softbank.jp/mobile/set/common/pdf/support/usim/unlock_procedure/frequency-band-list.pdf

●楽天モバイル「取り扱い製品の対応周波数帯一覧」
https://network.mobile.rakuten.co.jp/product/frequency-band/

現地SIMを利用できるスマホの2つ目の条件は、現地SIMの携帯電話会社が使用している周波数帯に対応していることです。日本の携帯電話会社で発売されているスマホは、日本の周波数帯の電波に適合した設計になっていますが、海外では、日本とは異なる周波数帯を利用している国もあります。そうした国では、スマホが周波数帯に対応していない場合、現地SIMを挿してもデータ通信ができません。あらかじめ自分のスマホが対応している周波数帯を調べておくとよいでしょう。

現地のプリペイドSIM購入には、①日本で購入、②現地で購入、③オンラインでeSIMを購入、の3つの方法があります。

日本で入手できる現地プリペイドSIMカードは、大きく分けて2つの種類があります。1つ目は、国内の事業者が販売する旅行用のSIMカード。2つ目は、Amazonなどで販売されている並行輸入品の現地SIMカードです。国内の事業者が販売する海外旅行用のプリペイドSIMカードは、日本語のサポートが受けられ

現地のプリペイドSIMを購入しよう！

●オンラインでeSIMを購入

オンラインでeSIMを購入すると、開通の手続きまでスマホだけで完結させることができます。海外でも国内でも購入可能です。

●現地で購入

渡航先では、空港内のショップなどでプリペイドSIMカードやeSIMを購入できます。

●日本で購入

国内の事業者が販売する旅行用のSIMカードを購入できます。また、Amazonでは、並行輸入品の現地SIMカードが購入可能です。

Amazon ショッピングアプリ
提供：AMAZN mobile LLC
(Amazon Mobile LCC)
【iPhone】【Android】

選べる１国タイプと周遊タイプ

●１国タイプ

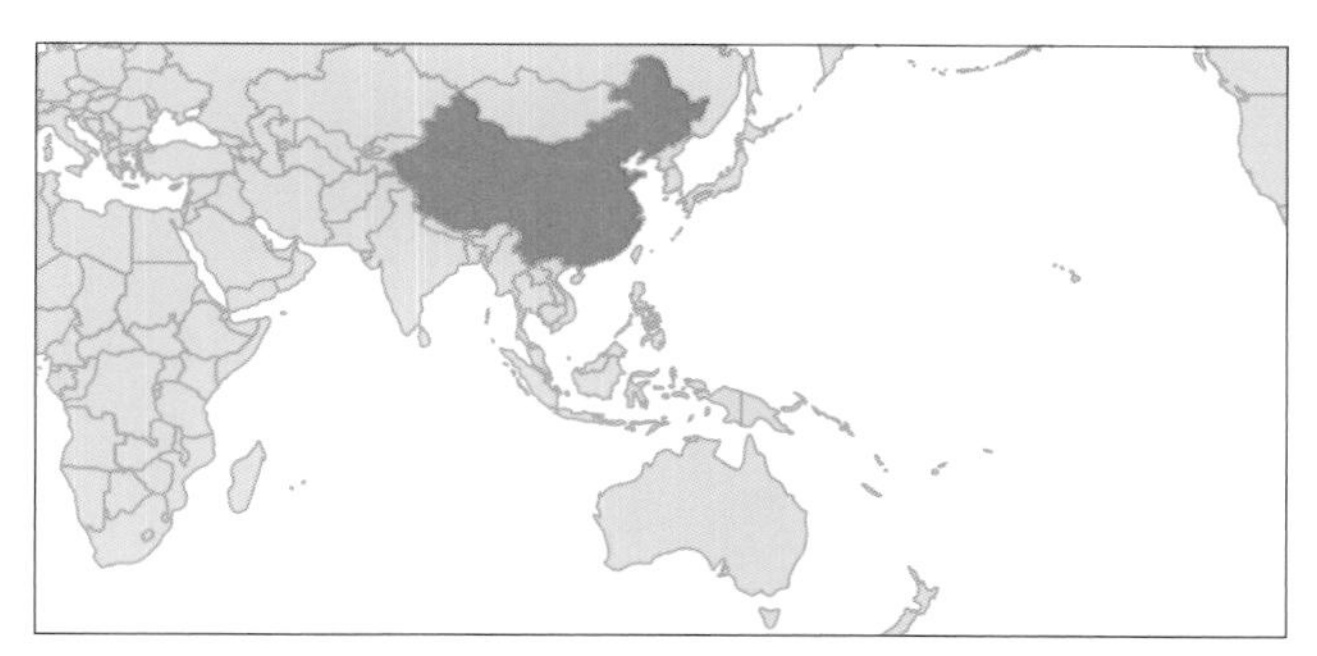

▲１国だけに滞在するときに、滞在日数分だけ購入できます。SIMによって、現地でアクティベートするものと、指定のWebサイトなどで事前に登録するものがあるので、よく確認しましょう。アクティベートの際にインターネット接続が必要なものもあります。

●周遊タイプ

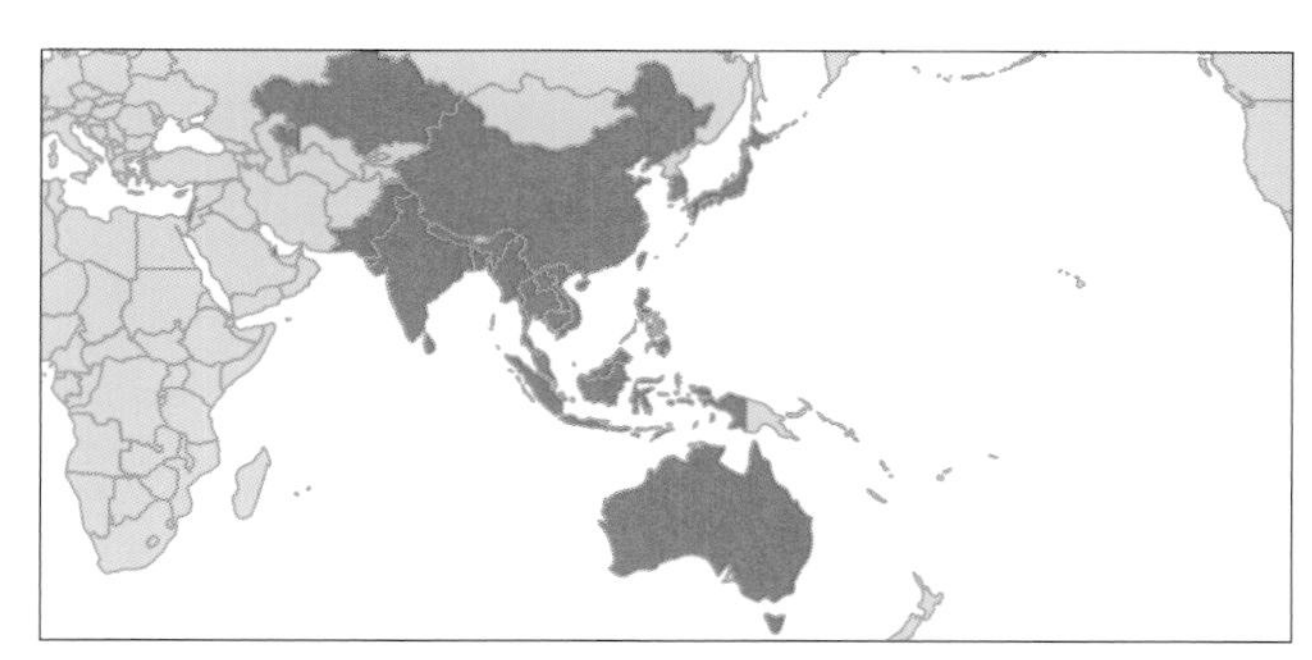

▲複数の国や地域で使える周遊タイプは、アジア周遊、ヨーロッパ周遊のほか、世界中で使えるグローバルタイプなどがあります。また、プリペイドタイプの場合、容量を使い切ってしまっても、あとからチャージできるので長期滞在にも便利です。

る点で安心感があります。ただし、販売事業者が限られており、選択肢は多くありません。逆に、並行輸入品の現地ＳＩＭカードは、比較的安価に購入できますが、日本語の説明がなかったり、初期不良の対応が海外だったりします。ある程度ＳＩＭの取り扱いに慣れている、または英語の説明を読んで自分で設定できる人向けといえるでしょう。

　並行輸入品のＳＩＭカードには、対象の国1つだけで使える1国タイプと、いくつかの国で利用できる周遊タイプがあります。たとえば、ヨーロッパの各国を巡る旅行を計画している場合は、ヨーロッパを周遊できるタイプのＳＩＭカードを購入するとよいでしょう。中には世界一周が可能なタイプを提供しているプロバイダーもあるので、自分の旅行プランにあったタイプを比較検討して購入しましょう。なお、Ａｍａｚｏｎなどで購入すると、海外から発送されることもあるので、輸送時間を考慮して余裕を持った日数で注文するようにしましょう。

現地プリペイドSIM開通までの流れ

SIMフリースマホを用意、または普段使っているスマホのSIMロックを解除しておきます。

渡航先で使えるプリペイドSIMカードを購入します。

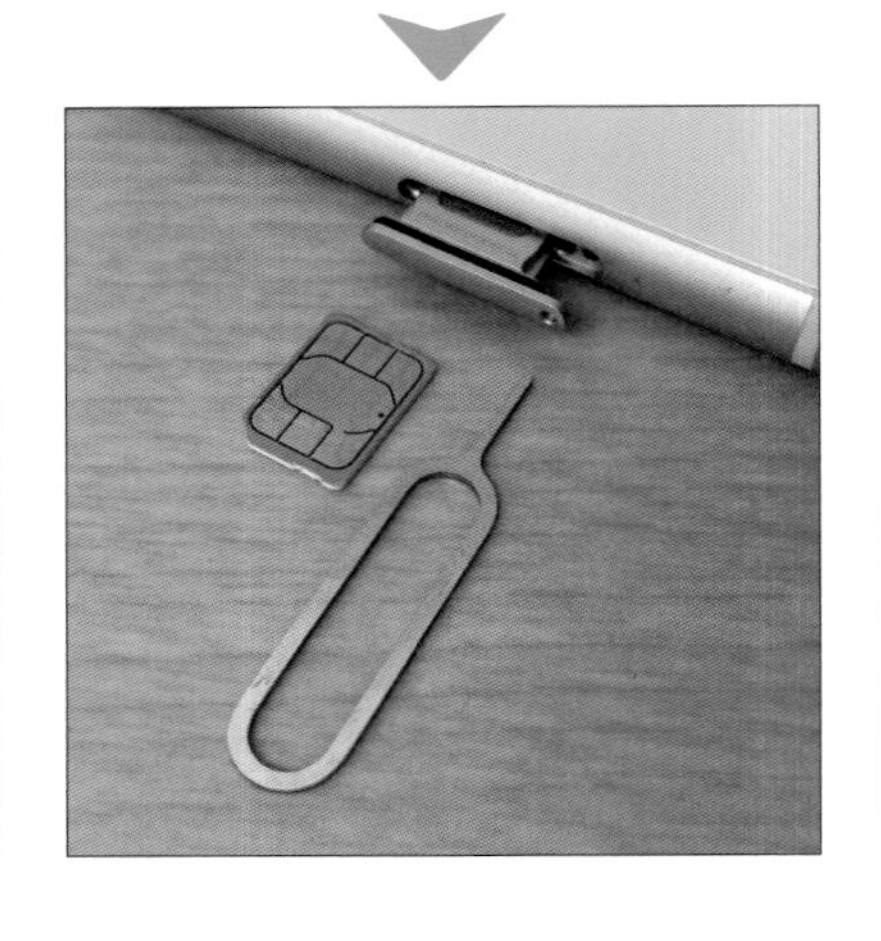

スマホの電源を切って、SIMを挿し替えます。取り出したSIMは失くさないように保管しましょう。

スマホの電源を入れて、アクティベートします。ステータスバーなどに「3G」「4G」「LTE」「5G」などが表示されればアクティベート完了です。アクティベートされたことを知らせるSMSが届くこともあります。

多くの場合、SIMを挿せばそのままアクティベートされますが、PINコードの入力を促されたら、パッケージなどに記載されているPINコードを入力します。手動での設定が必要な場合は、説明書を参考にAPNの設定を行います。iPhoneの場合は、所定のプロファイルをダウンロードしてインストールします。

現地では、プリペイドSIMカードを空港や繁華街のスマホショップ、家電量販店などで購入できます。国によってはスーパーマーケットやドラッグストアで販売されていることもあります。おすすめの購入場所は空港のショップですが、やや値段が高めに設定されていることがあります。しかし、空港のショップであれば、外国人旅行客の対応に慣れているため、購入やアクティベーションなどもスムーズです。スマホショップやそのほかの販売店の場合、外国人観光客の対応に店員が慣れていないと、言葉の壁の心配があります。また、店員にアクティベーションをしてもらう場合は、スマホの言語設定を現地の言語に変える手間も必要です。

なお、購入する国や地域によって異なりますが、プリペイドSIMカード購入時、またはアクティベーション時に身分証明書（パスポート）の提示や住所（日本の住所ではなく、ホテルの滞在証明書を要求されることもあります）を聞かれることがあります。プリペイドタイプのSIMカードであっ

eSIMのメリット・デメリット

メリット

- 購入したらすぐに使える
- 初期不良の心配がない
- SIMカードを交換する・保管する手間がない
- デュアルSIM対応機種なら日本で使っているSIMをなくす心配がない

デメリット

- 古い機種はeSIMに対応していない
- 購入する場所によっては、SIMカードよりも割高になる場合もある
- 現地の電話番号が使えない／別料金のことがある

スマホがeSIMに対応しているか確認しよう

●Androidスマートフォン

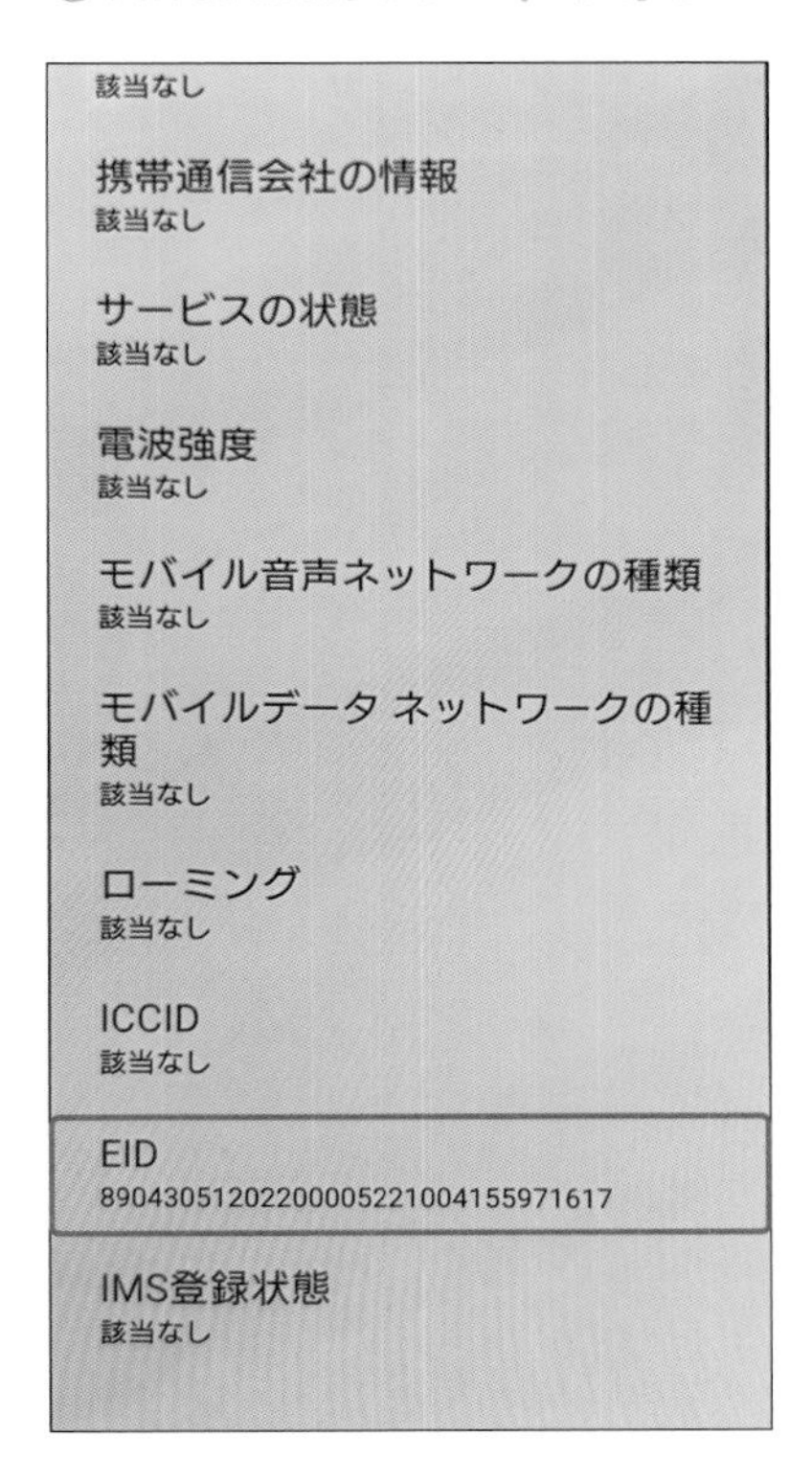

<設定>→<デバイス情報>→デバイスの詳細の<SIMステータス（SIMスロット2）>の順にタップし、「EID」の項目と32桁の数字が表示されていれば、eSIMに対応しています。

●iPhone

<設定>→<一般>→<情報>の順にタップし、「EID」の項目と32桁の数字が表示されていれば、eSIMに対応しています。

ても、外国人旅行客への販売が制限されている国もあるので、事前に調べておくと安心です。

　日本で購入したプリペイドSIMカードや現地で購入したプリペイドSIMカードを自分でアクティベーションする場合は、右上の図やプリペイドSIMカードの取扱説明書を見ながら行います。取扱説明書が現地の言語で書かれていて読めないときは、翻訳アプリ（P.098〜099）のオフライン機能を使って内容を把握しておくとスムーズです。

　現地のプリペイドSIMは、eSIMでも販売されています。eSIMは、従来の物理的なカードではなく、端末内部に組み込まれたSIM機能を用いてデータ通信を行います。比較的新しい機種であれば、SIMカードとeSIMを同時に登録し、データ通信を切り替えて利用できるデュアルSIM対応の端末も増えています。デュアルSIMで、海外でeSIMを使うようにしておくと、日本で普段使っているSIMカードを挿したままにできるので、交換の手間や紛失の心配がありません。

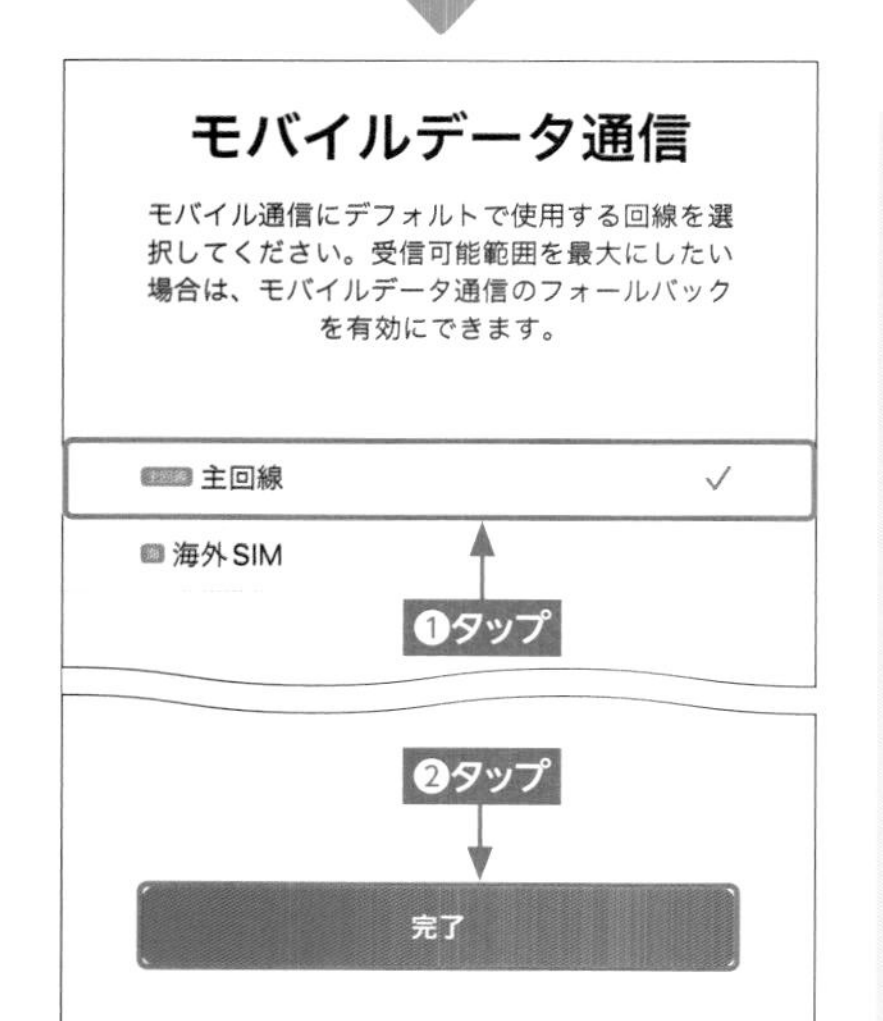

＜続ける＞→＜完了＞の順にタップしてeSIMをアクティベートします。アクティベートしたeSIMのモバイル通信プラン名を任意で変更したら、＜続ける＞をタップし、「デフォルト回線」「iMassageとFaceTime」「モバイルデータ通信」の各画面ですべて＜主回線＞をタップして選択して、＜続ける＞または＜完了＞をタップします。

eSIMをアクティベートした時点から申し込んだプランが開始されます。また、「モバイルデータ通信の切替を許可」がオンになっていると、eSIMのデータ通信が始まってしまったり、普段使用しているSIMのデータローミングが使われて高額請求されたりする恐れがあるので、必ずオフにします。

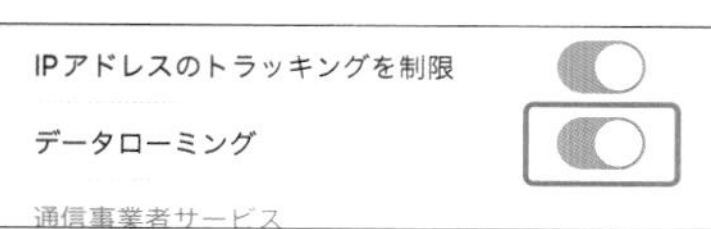

eSIMのデータ通信に切り替えるときは、＜設定＞→＜モバイル通信＞→＜モバイルデータ通信＞→アクティベートしたeSIMの順にタップし、モバイル通信画面に戻ってSIMからeSIMをタップして、＜データローミング＞をオンにします。

現地eSIM開通までの流れ

eSIMの開通にはインターネット環境が必要です。空港のフリーWi-Fiなどが利用できる場所で設定を行いましょう。

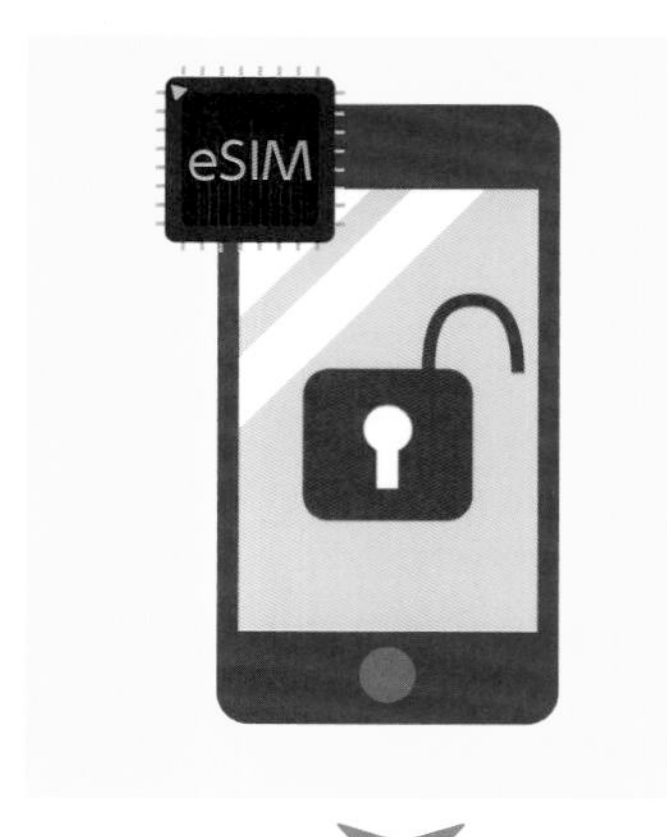

eSIMに対応しているSIMフリースマホを用意、または普段使っているeSIM対応スマホのSIMロックを解除しておきます。

渡航先で使えるeSIMを購入します。購入時にパスポートの提示などを求められることがあり、本人確認に時間がかかることもあります。

＜設定＞→＜モバイル通信＞→＜eSIMを追加＞→＜QRコードを使用＞の順にタップし、eSIM購入時にもらえるQRコードを読み取ります。QRコードがメールで届いたときは、QRコードの読み取り画面で＜詳細情報を手動で入力＞をタップしてアクティベーションコードを入力します。

eSIMはアクティベーションの方法もかんたんです。一般的にはeSIMを専用アプリや専用サイト、Amazonなどで購入すると、アクティベート用のQRコードが送られてくるので、それをモバイルデータ通信の設定画面で読み取るだけです。iPhoneの場合は、上の図を参考にしてアクティベーションできます。Androidスマートフォンの場合は、設定アプリで＜ネットワークとインターネット＞→＜SIM＞→＜SIMをダウンロードしますか?＞→＜次へ＞の順にタップして、QRコードを読み取り、画面に従って、「SIMを使用」をオンにします。海外で利用する際は、eSIMの「モバイルデータ通信」と「データローミング」をオンにしましょう。

なお、eSIMのアクティベーションには、インターネット環境が必要なので、現地に着いたら空港のWi-Fiを使って設定しましょう。アクティベーションしたタイミングでプランが開始されるものもあるので、現地に到着してからの設定をおすすめします。

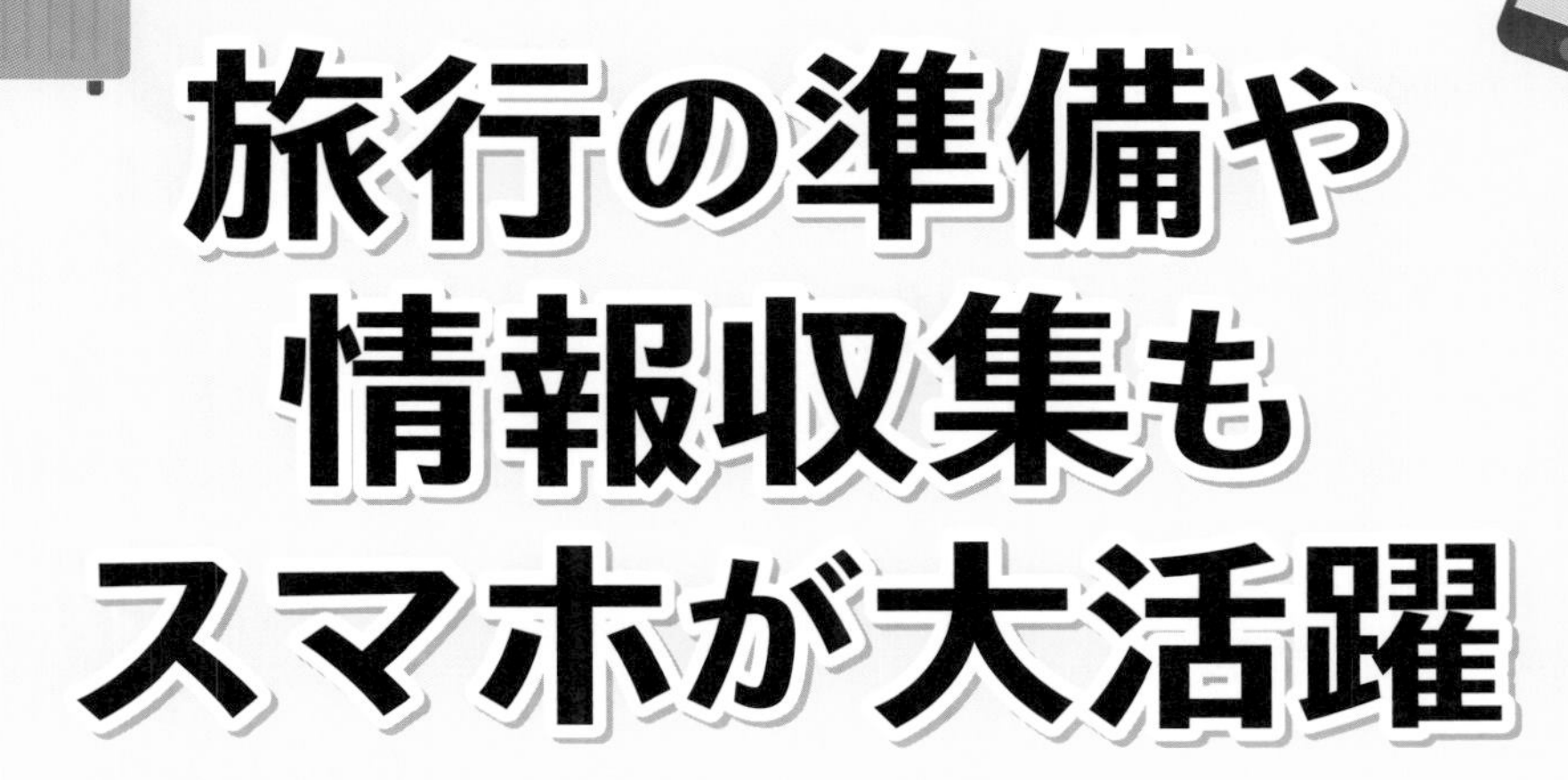

旅行の準備や情報収集もスマホが大活躍

旅行準備・情報収集編

ツアーの申し込みや飛行機の航空券の予約もスマホを使えば、お得なプランをかんたんにチェックできます。また、旅行の日程や持ち物リストなど、海外旅行中に必要な情報をすべてスマホにまとめておくと、事前準備もスムーズに行うことが可能です。

格安航空券&ツアーを利用して予算を節約！

スマホで安い航空券やツアー情報を調べよう

旅行の費用を節約するなら、格安航空券または格安ツアーの利用がおすすめです。スマホからリアルタイムの情報をいつでも入手できるので、最安値を狙って購入しましょう。

安い航空券を探す2種類の方法

●旅行会社

H.I.S

価格：△　補償：◎
手続きの手間：◎　難易度：初心者～中級者

メリット

- 航空券、宿泊施設、現地ツアーを一括手配してくれる
- 店舗やスマホアプリなど多様な方法で予約購入できる
- トラブル時の補償やサポートが手厚い

デメリット

- 手数料が高い
- キャンセル料が割高になる場合がある

●格安航空券比較予約サイト

Tripadvisor

価格：○　補償：×
手続きの手間：△　難易度：中級者～上級者

メリット

- 複数の航空会社から最安値の航空券を見つけられる
- サービスによっては宿泊施設やレンタカーなども手配できる

デメリット

- 同じ日時の便であってもサイトによって料金が違う
- 料金が常に変動するのでチェックが大変
- 遅延・運休が発生した場合は自分で対応する必要がある

　航空会社は少しでも座席利用率を上げるために、普通運賃（定価）の範囲内で、予約状況によって価格を安くしたり、高くしたりと販売価格を常に変動させています。同じ日時の便であっても、翌日に1万円以上安くなっている、あるいは高くなっている理由はそこにあります。少しでも安い価格で航空券を購入したいなら、旅行代理店や格安航空券比較予約サイトを活用してみましょう。

　JTBやHISのような旅行代理店は、手数料こそ発生しますが、航空券の購入手続きや現地の交通手配などをすべて代行してくれます。航空会社から団体割引運賃で購入した格安航空券をパッケージツアーやダイナミックパッ

検索結果が表示されます。確認したい航空券をタップします。

航空券の詳細が表示されます。この航空券を予約したい場合は、＜予約を続行する＞をタップします。

航空券を販売しているサイトが表示されます。任意のサイトに移動し、航空券の予約・購入を行います。

Skyscannerで安い航空券を探そう！

Skyscanner
提供：Skyscanner Ltd
【iPhone】【Android】

「Skyscanner」アプリを起動します。初回のみログイン画面が表示されますが、ここでは＜今は指定しない＞をタップします（価格変動時に通知を受け取りたい場合は登録が必要です）。

＜航空券＞をタップします。

出発地と到着地、往路復路の日にちを入力します。

ケージとして販売しているため（P.046～047参照）、手数料を加味しても費用を安く抑えることができます。Webサイトでいつでも予約購入できますが、わからないことがあれば店舗に出向いて質問できる点も嬉しいポイントです。現地でトラブルがあった際にはサポートもしてくれるので、海外旅行初心者は旅行代理店を利用することをおすすめします。

一方、Skyscannerのような格安航空券比較予約サイトは、LCCを含めた国内外の航空会社が販売している航空券から、条件に合うものを絞り込み、リアルタイムの価格を提示してくれます。購入手続きは航空会社や旅行代理店のサイトを経由して自分で行う必要がありますが、最安値の航空券を効率よく探すことに特化しています。手数料がかからないのも嬉しいポイントです。ただし、飛行機の遅延や運休、盗難など現地で何らかのトラブルが発生した場合は自分で対応する必要があるため、ある程度海外旅行に慣れてから利用するほうが安全でしょう。

３種類のツアーから自分に合ったものを選ぼう！

●パッケージツアー

価格：○
補償：◎
自由度：△
難易度：初心者

メリット

・価格が安めに設定されている
・申し込み手続きがかんたん
・現地でサポートを受けられる

デメリット

・旅程が決められているので自由度が低い
・最少催行人数に満たないと中止になる

●ダイナミックパッケージ

価格：△
補償：○
自由度：○
難易度：中級者

メリット

・申し込み手続きがかんたん
・航空会社や宿泊施設を選択できる
・最少催行人数１名からでもOK

デメリット

・パッケージツアーと比較すると価格が割高
・現地でサポートを受けられない場合がある
・一旦予約確定すると日程の変更ができない

●個人旅行

価格：△
補償：△
自由度：◎
難易度：上級者

メリット

・旅程を自由に決められる
・LCCなどを利用して交通費を安く抑えられる

デメリット

・すべての手続きを自分で行う必要があるため、時間と手間がかかる
・現地でサポートを受けられない

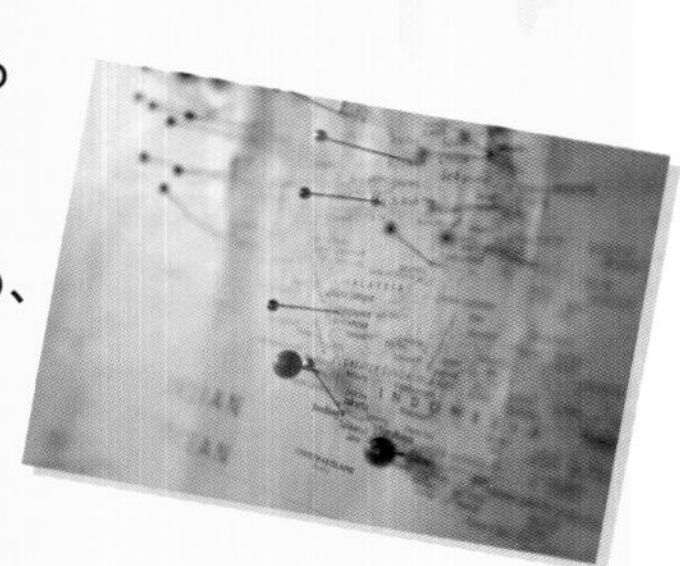

一般的に、ツアーには「パッケージツアー」「ダイナミックパッケージ」「個人旅行」の３種類があります。

パッケージツアーとは、宿泊や飛行機などの移動手段がセットになっている旅行プランのことです。旅行代理店が航空券と宿泊施設の予約や現地の交通手段、観光地の入場券やオプショナルツアー（ツアーの自由時間に別料金で参加できる観光やアクティビティ）の購入などをすべて手配してくれるので、自分で手続きする手間がかかりません。添乗員や現地係員が観光をサポートしてくれるツアーもあるので、海外旅行初心者にも安心です。さらに、個人旅行よりも旅行費用を安く抑えることができるのも魅力です。ただし、旅程はすべて旅行代理店によって決められているため、日数や訪問地は自由に選択できません。最少催行人数に満たなければツアー自体が中止になる可能性があることを念頭に置いて申し込む必要があります。

ダイナミックパッケージは、航空券と宿泊施設を提示されている

ダイナミックパッケージを探そう！

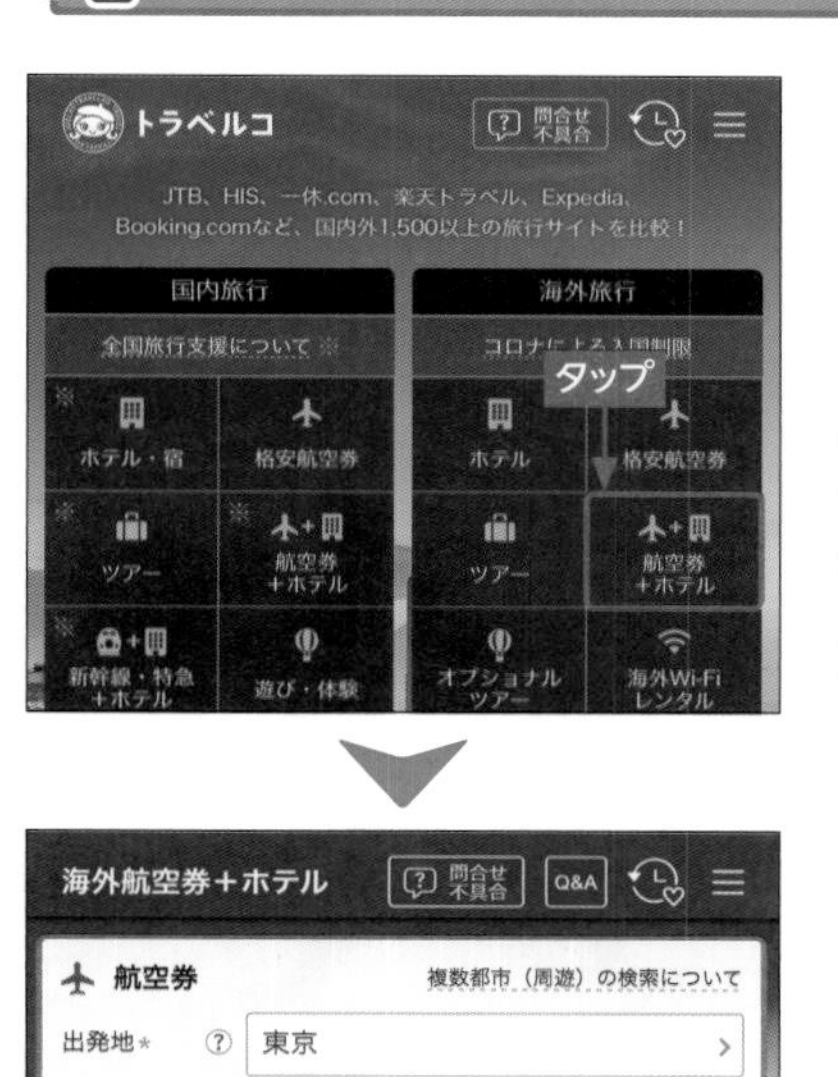

「トラベルコ」アプリのトップ画面から、「海外旅行」欄の<航空券＋ホテル>をタップします。

航空券と宿泊の条件を設定し、<検索する>をタップします。

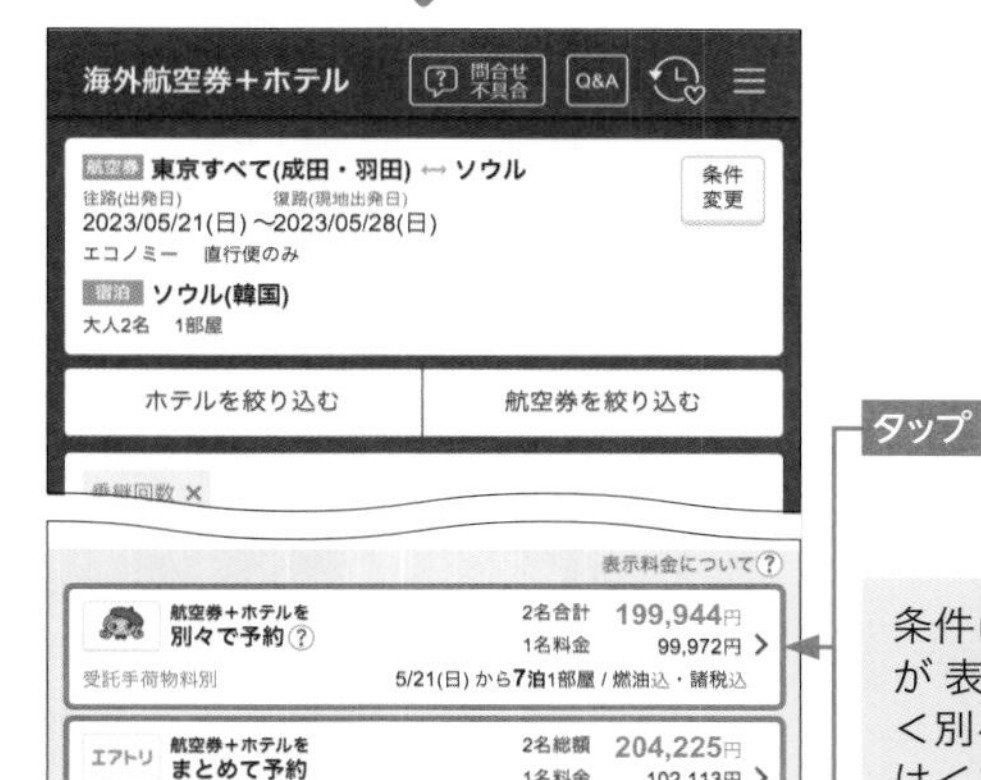

条件に合致する結果が表示されます。<別々で予約>または<まとめて予約>をタップすると申し込みに進めます。

パッケージツアーを探そう！

トラベルコ
提供：opendoor
【iPhone】【Android】

「トラベルコ」アプリを起動します。トップ画面から、「海外旅行」欄の<ツアー>をタップします。

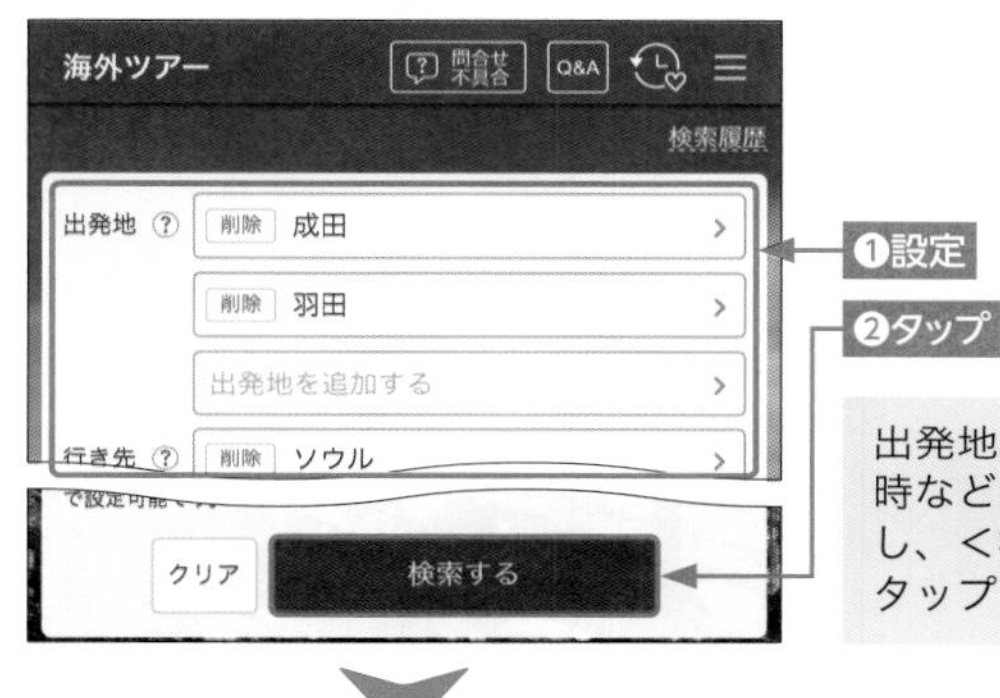

出発地、行き先、日時などの条件を設定し、<検索する>をタップします。

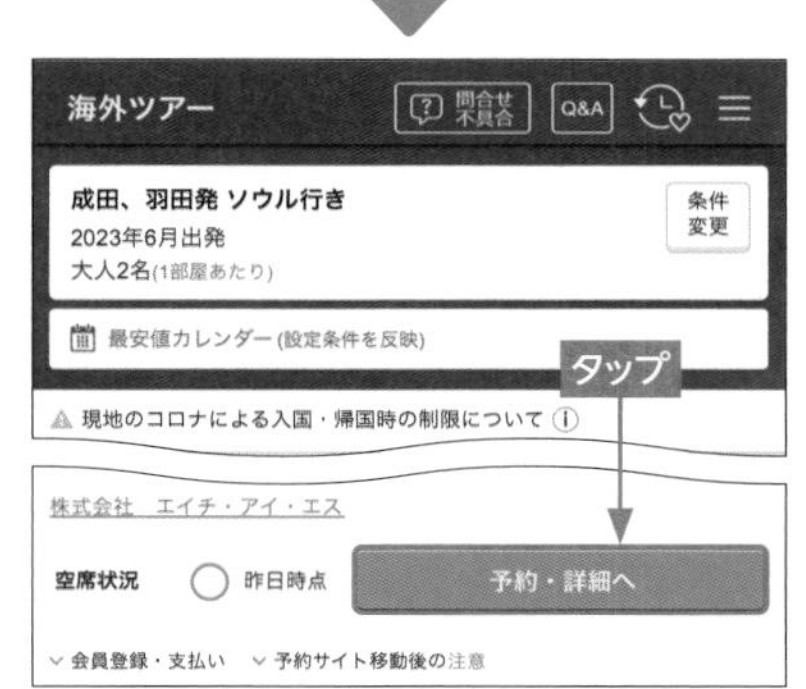

条件に合致するツアーが表示されます。ツアーの詳細を確認したい場合は、<予約・詳細へ>をタップしましょう。

候補から自由に選ぶことができるツアーで、旅行代理店や航空会社などが販売しています。基本的にはインターネットから予約するため、手続きはかんたんです。最少催行人数は1名からなので、ツアーが中止になる心配も不要です。ただし、団体割引が適用されないため、パッケージツアーより価格が割高になります。また、現地でトラブルがあった場合にサポートを受けられない可能性もあるので、申し込む際にはよく確認しておくことをおすすめします。

個人旅行は、航空券、宿泊施設、現地の交通手段などすべてを自分で手配する必要があるので手間がかかります。現地でトラブルがあった場合も自力で対応する必要があります。その分自由度は高いので、海外旅行上級者はチャレンジしてみるとよいでしょう。

ここでは、複数の旅行会社のパッケージツアーを比較検索できるアプリ「トラベルコ」でツアー情報の調べ方を解説しています。ほかにも、旅行代理店や旅行比較サイトのアプリなどから調べることができるので、自分に合った方法でツアーを選んでみましょう。

スマホで飛行機の航空券を手配しよう

購入から発券まですべてスマホで完結できる！

スマホがあれば、自宅にいながらにして航空券の購入予約から発行まで、すべてまとめて手続きできます。まずは本項を参考にして、手続きに必要なものを準備しましょう。

国際線の航空券は、航空会社、航空券比較予約サイト、旅行代理店、OTA（店舗を持たないネット上のみの旅行代理店）のスマホアプリやWebサイトでいつでも予約購入できるのはもちろん（P.044～047参照）、入金から搭乗券の発行まですべて一括で手続きできるので便利です。

インターネットから国際線の航空券を予約購入する場合はクレジットカードが必要となるので、手元に用意しておきましょう。利用するサービスによっては、パスポートの番号が必要になったり、お得な早期割引を受けられる代わりに日時変更ができないことがあったりします。

インターネットから予約購入し

スマホで航空券購入から搭乗券の発券までできる！

旅行代理店／OTA	航空券比較予約サイト	航空会社
 	 	JAL ANA
旅行代理店／OTAで予約	航空券比較予約サイトで条件を検索	航空会社のWebサイトで予約
↓	↓ 航空会社や販売会社のWebサイトで予約	↓

入金

↓

eチケット（電子航空券）／eチケットお客さま控発券

スマホから航空券を予約購入すると、必ず航空会社からeチケットとeチケットお客さま控が発券されます。eチケットお客さま控は、チェックインの際に必要となります（チェックイン方法によっては不要な場合があります）。eチケットお客さま控は、メールでPDFが送付されるほか、航空券を予約購入したサービスのアプリやWebサイトなどから確認できます。

スマホで航空券を購入するには？

●用意しておくもの

クレジットカード

国際線の航空券は、ほとんどがクレジットカード払いです。

パスポート

購入時にパスポート番号が必要になる場合があります。

確実な搭乗日時

航空券の種類によってはあとから変更ができない。

●eチケットお客さま控の保管に便利なアプリ

ファイル
提供：Apple【iPhone】

◀iPhoneはメール受信したeチケットお客さま控のPDFを「ファイル」アプリに保存できます。

Files by Google
提供：Google LLC【Android】

▶Androidスマートフォンの場合は、eチケットお客さま控のPDFを「Files by Google」アプリに保存します。保存したPDFは<ダウンロード>または<ドキュメント、その他>をタップして閲覧できます。

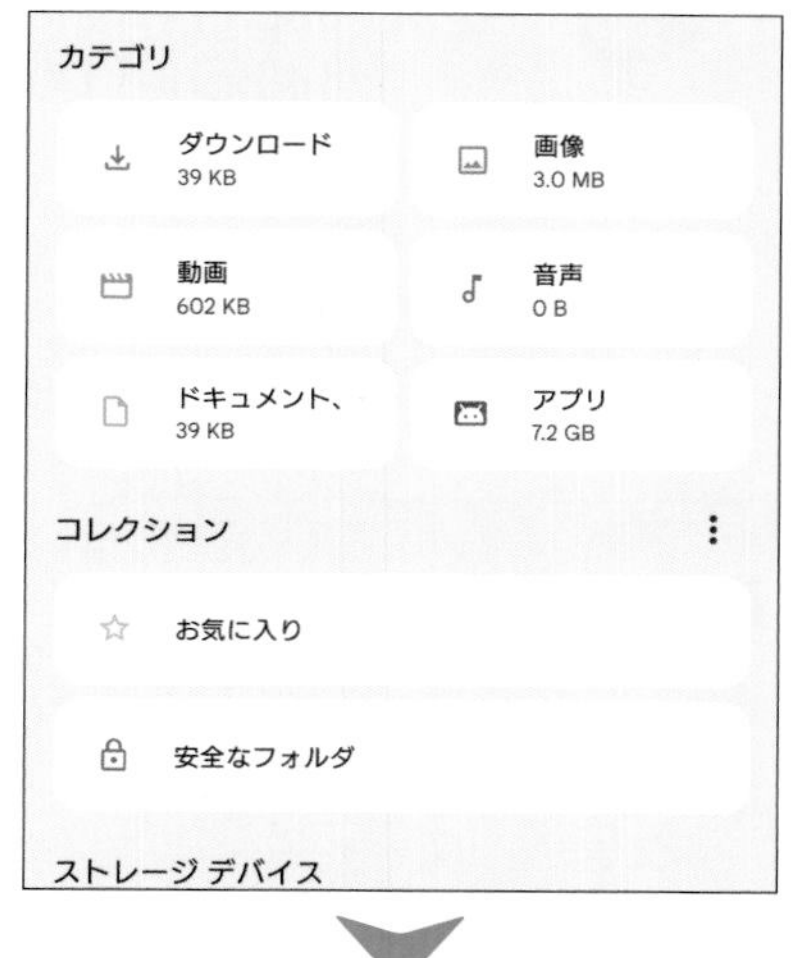

た場合は、「eチケット」と呼ばれる電子航空券と「eチケットお客さま控」が発券されます。その内、受け取ることができるのはeチケットお客さま控のみとなっています。eチケットお客さま控には、搭乗日時、発着空港、便名、座席番号、QRコードなどの重要な情報が記載されています。多くの場合、eチケットお客さま控は、メールに添付されたPDFで届きます（サービスによってはWebサイトからダウンロード）。eチケットお客さま控に記載の情報は、チェックイン時に必要なので、大切に保管しましょう。インターネット環境がないとPDFを確認できないことがあるので、事前にスマホにダウンロードして、オフラインで閲覧できるようにしておくことをおすすめします。

また、「JAL」アプリ（P.050〜051参照）や「ANA」アプリ（P.052〜053）で航空券の予約購入をした場合は、アプリからeチケットお客さま控に記載の情報を確認できます。アプリからWebチェックインと搭乗券の発行も可能です（P.074〜077参照）。

アプリで手軽にJAL航空券を購入できる

スマホでJALの航空券を購入しよう

高い品質とサービスが評価されているJAL。地方空港の国際路線も充実しており、利便性も抜群です。ここでは、スマホからJAL航空券を予約購入する方法を解説します。

日本の航空業界第2位の大手航空会社JAL（日本航空）は、世界64ヶ国／地域に66路線の国際線を就航しています（2023年3月時点）。JALの航空券は、Webサイトまたは「JAL」アプリで手軽に予約購入できます。ここでは、「JAL」アプリで予約購入する方法を解説していきます。なお、JALの利用頻度が高い人は、無料で登録できる「JALマイレージバンク」の会員になることをおすすめします。JAL直通および提携航空会社が運航する飛行機に乗れば「マイレージ（マイル）」という独自のポイントが貯まります。貯まったマイレージは航空券や豪華景品と交換できるので、たいへんお得で

JALマイレージバンクのメリット

JALマイレージバンクに登録すると……

❶JALグループおよびワンワールド加盟航空会社の飛行機に乗ると「マイル」が貯まる

❷ショッピングの際にJAL提携のクレジットカードを使えば「マイル」が貯まる

❸貯まったマイルは航空券や豪華賞品と交換できる

JALマイレージバンクに登録しよう！

JAL（国内線・国際線）
提供：Japan Airlines Co.,Ltd.
【iPhone】【Android】

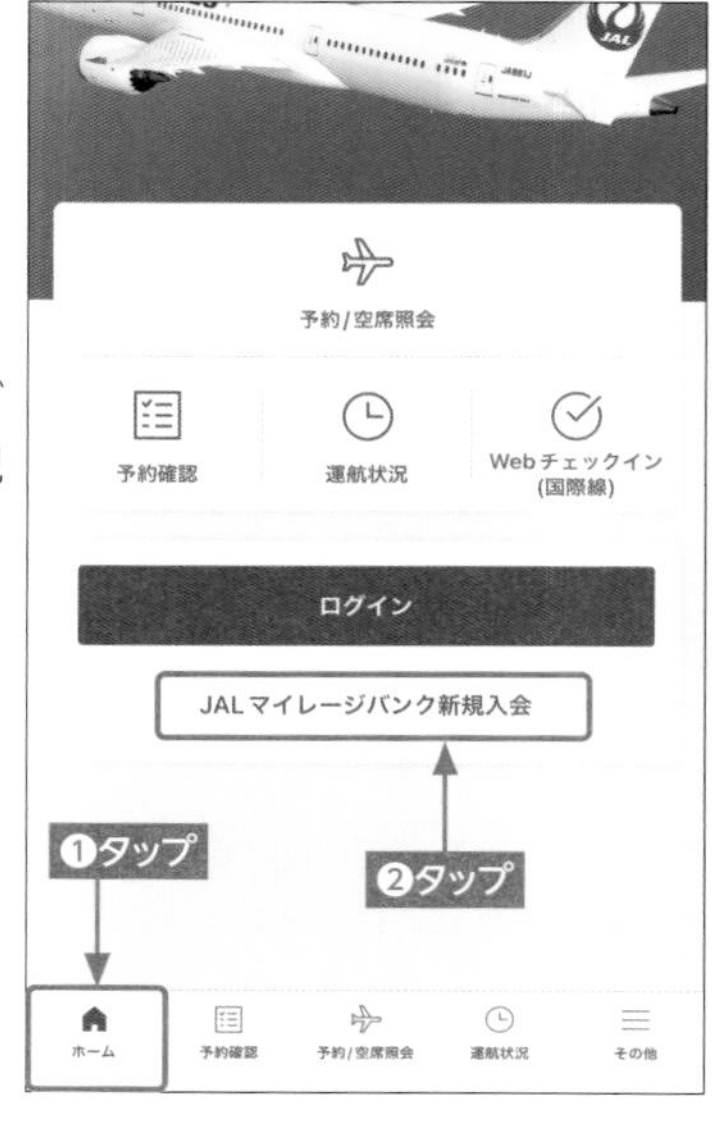

▶「JAL」アプリを起動し、<ホーム>タブをタップ。<JALマイレージバンク新規入会>をタップします。

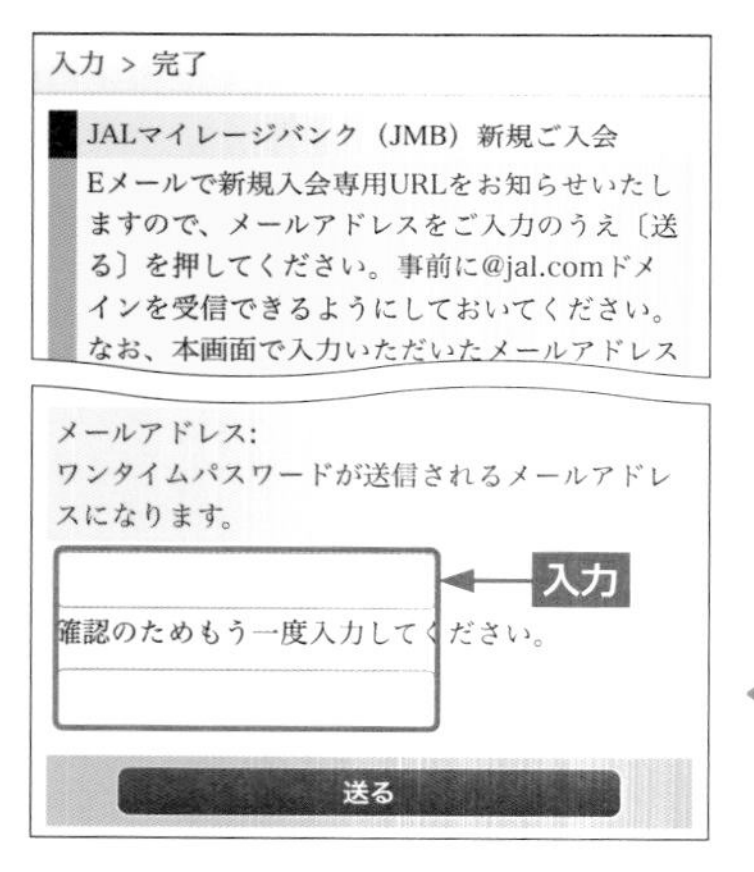

◀画面の指示に従って必要事項を入力し、JALマイレージバンクに登録しておきましょう。

「JAL」で航空券を予約購入しよう！

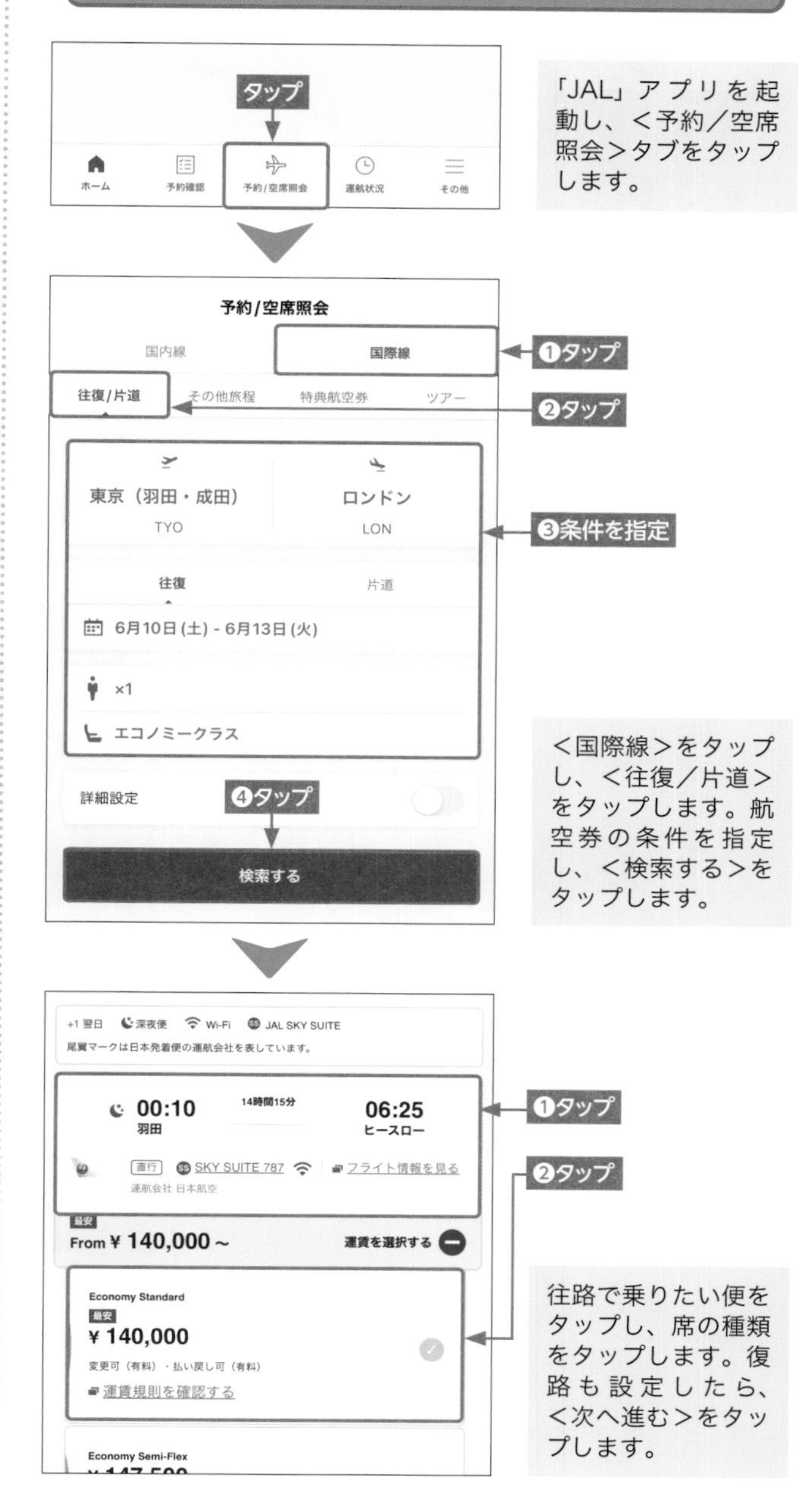

「JAL」アプリを起動し、＜予約／空席照会＞タブをタップします。

＜国際線＞をタップし、＜往復／片道＞をタップします。航空券の条件を指定し、＜検索する＞をタップします。

往路で乗りたい便をタップし、席の種類をタップします。復路も設定したら、＜次へ進む＞をタップします。

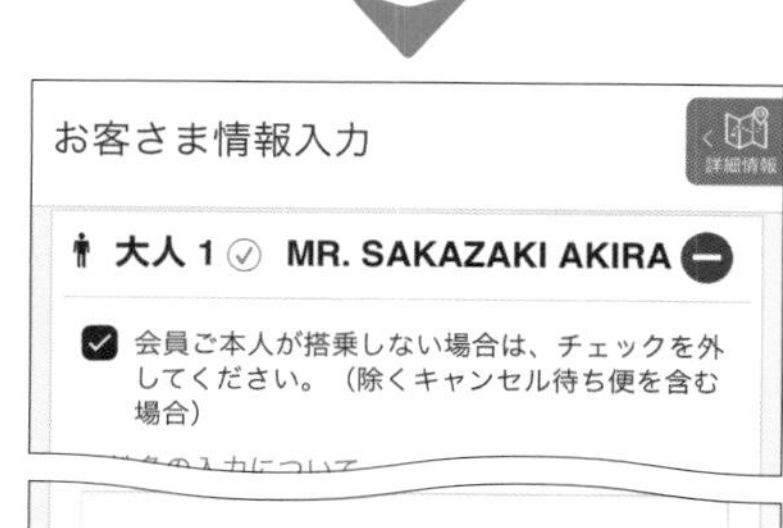

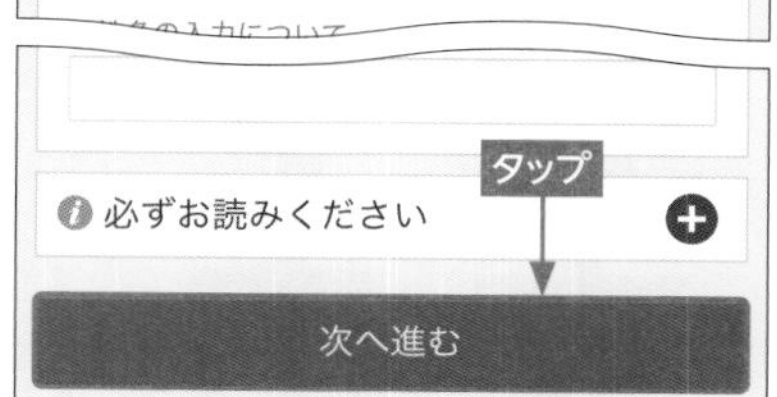

選択便のご案内が表示された場合は＜次へ進む＞をタップし、お客さま情報入力画面でJALマイレージバンクに登録した会員情報を確認して、＜次へ進む＞をタップします。

＜確認＞をタップし、必要な場合は座席指定などのサービスを申し込みます。＜次へ進む＞をタップします。

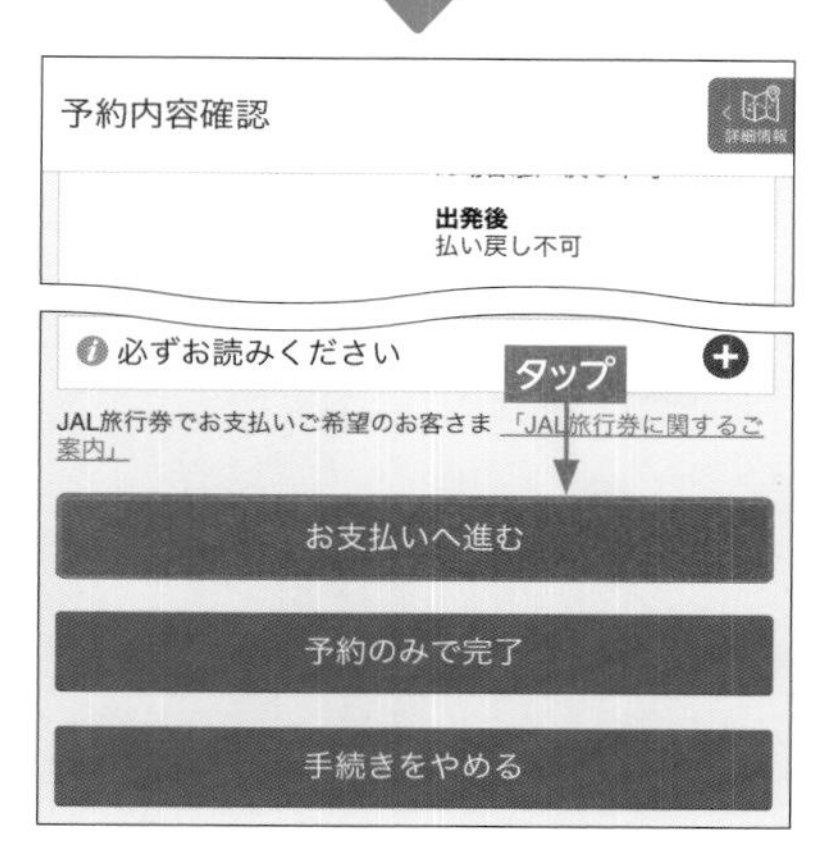

予約内容を確認します。そのまま支払う場合は＜お支払いへ進む＞、予約のみで後日支払う場合は＜予約のみで完了＞をタップします。

す。

「JAL」アプリを起動したら、画面下部の＜予約／空席照会＞タブをタップします。検索画面が表示されたら、国際線の発着空港、日時、座席の種類などの条件を指定して目的の便を検索しましょう。乗りたい便と座席の種類を選択します。次の画面ではお客さま情報確認画面が表示されますが、あらかじめJALマイレージバンクにログインしておけば、お客さま情報が自動的に反映されるので、面倒な入力の手間を省くことができます。続いて、座席指定などのサービスの申し込みをしましょう。座席は指定しなくても問題ありませんが、国際線は基本的に長旅です。到着後すぐに出られる前方の座席がよい、トイレに近い通路側の座席がよいなど、条件に合う座席を指定しておくほうがストレスも溜まりません。

なお、JALのWebサイトやアプリで直接予約する場合は、予約をキープして後日支払いを行うこともできます。ただし、支払い期限を過ぎると自動的に予約が取り消されるので注意しましょう。

搭乗券の発行方法は、P.074～075で解説します。

スマホ海外旅行

アプリで手軽にANA航空券を購入できる

スマホでANAの航空券を購入しよう

日本のみならず国際的な評価も高いANA。機内サービスはもちろん、主要都市間の国際路線が充実しています。ここでは、スマホからANA航空券を予約購入する方法を解説します。

日本の航空業界第1位の大手航空会社ANA（全日空）は、世界21ヶ国66路線の国際線を就航しています（2023年5月時点）。ANAは世界最大の航空会社連合「スターアライアンス」に加盟しているため、提携航空会社との連携に優れているのも魅力です。ANAの航空券は、Webサイトまたは「ANA」アプリで手軽に予約購入できます。ここでは、「ANA」アプリで予約購入する方法を解説します。なお、ANAの利用頻度が高い人は、無料で登録できる「ANAマイレージクラブ」の会員になることをおすすめします。ANA直通および提携航空会社が運航する飛行機に乗れば「マイル」という独自のポイント

ANAマイレージクラブのメリット

ANA MILEAGE CLUB

ANA マイレージクラブに登録すると……

❶ANA グループおよびスターアライアンス加盟航空会社の飛行機に乗ると「マイル」が貯まる
❷ショッピングの際に ANA 提携のクレジットカードを使えば「マイル」が貯まる
❸貯まったマイルは航空券や豪華賞品と交換できる

ANAマイレージクラブに登録しよう！

ANA
提供：All Nippon Airways
【iPhone】【Android】

▶「ANA」アプリを起動し、<My Booking>タブをタップ。<ANAマイレージクラブに入会>をタップします。

ANA Inspiration of JAPAN
新規会員登録
お客様情報
氏名
姓：漢字 必須
（例）空野
名：漢字 必須
（例）太郎
＊ 全角19文字以内
＊ 外国姓の方は、全角アルファベットまたは全角カタカナで入力してください。

◀画面の指示に従って必要事項を入力し、ANAマイレージクラブに登録しておきましょう。

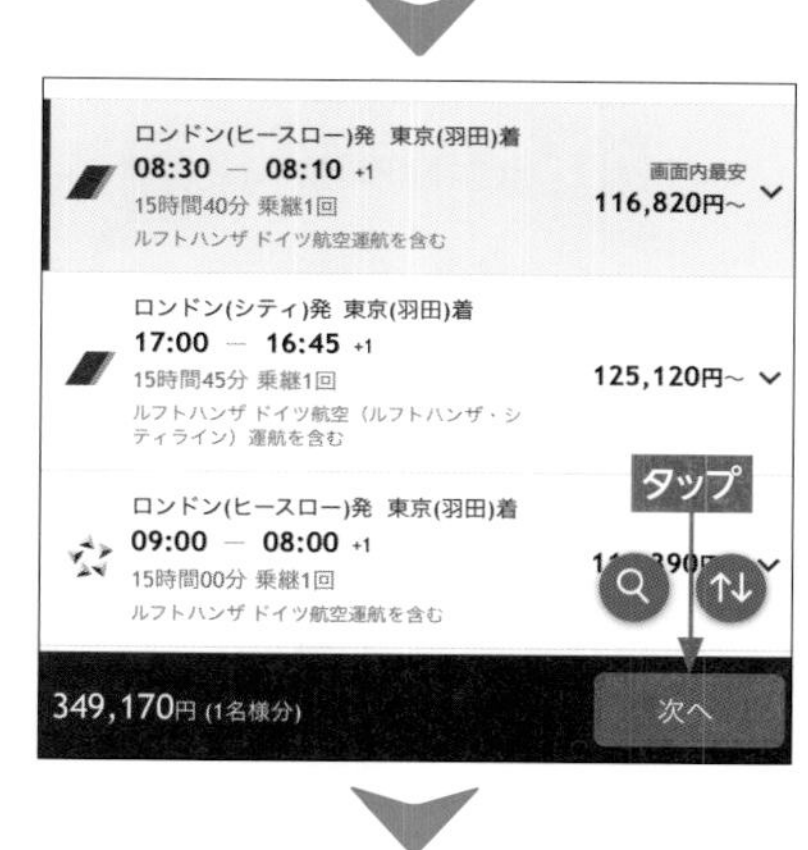

画面を上方向にスワイプして＜次へ＞をタップし、往路と復路の便を選んで＜次へ＞をタップします。

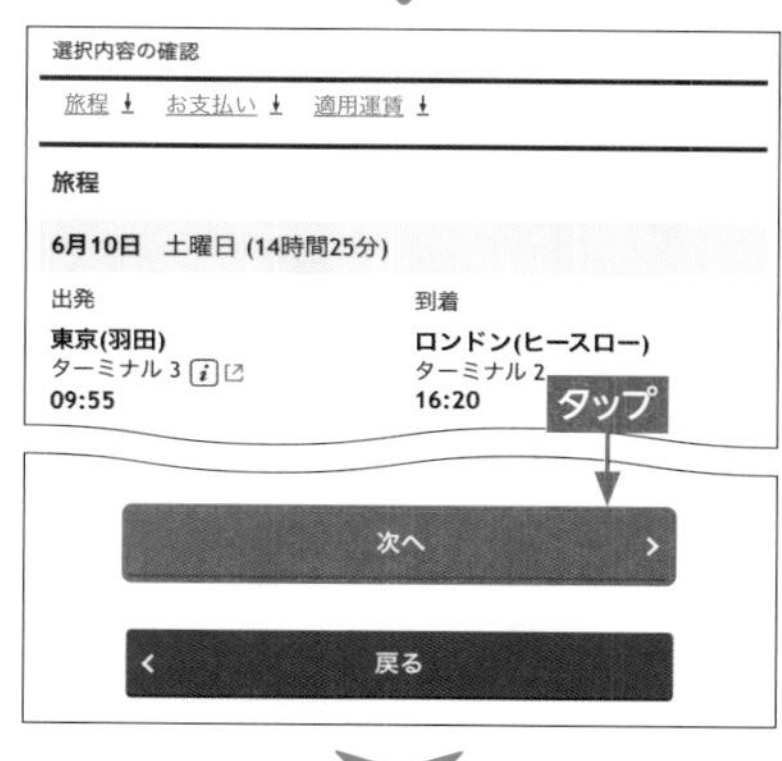

コードシェア便についての確認画面が表示された場合は＜確認＞をタップします。旅程や適用運賃などを確認し、＜次へ＞をタップします。

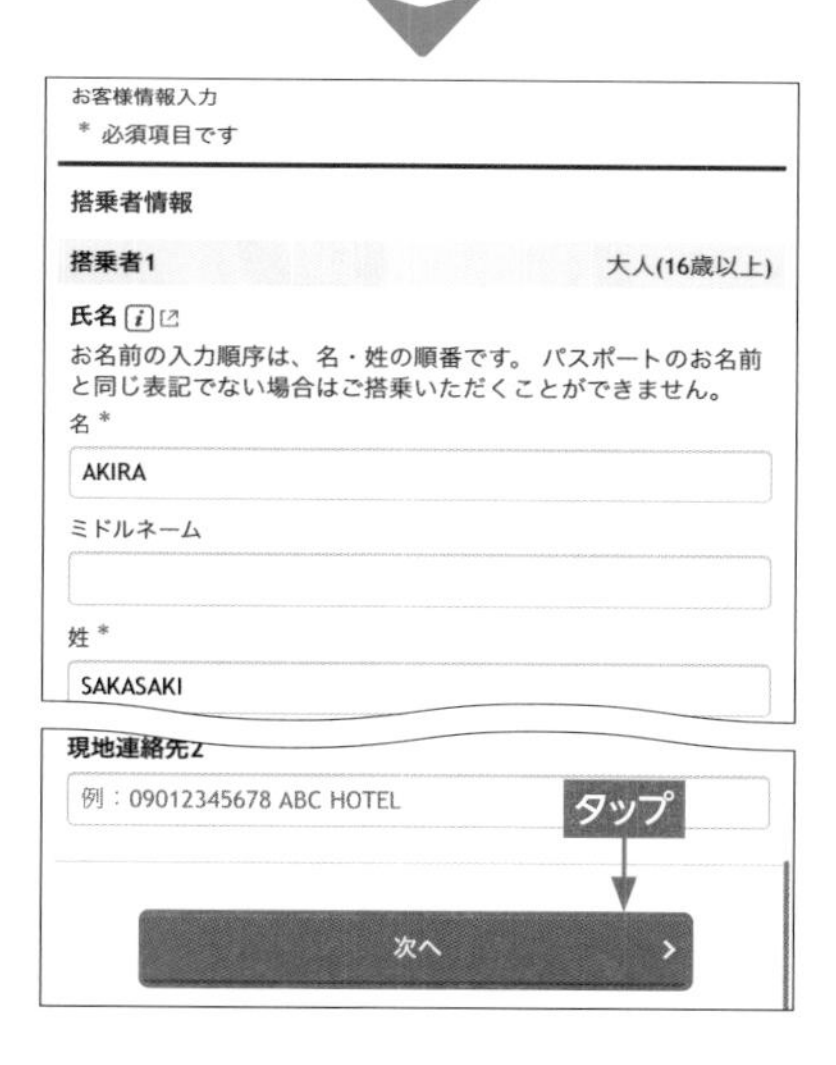

搭乗者情報画面でANAマイレージバンクに登録した会員情報を確認し、＜次へ＞→＜OK＞の順にタップします。必要に応じて座席指定などのオプショナルサービスの申し込みを行い、支払い方法を設定し、＜購入する＞をタップして航空券の購入処理を実行します。

「ANA」で航空券を予約購入しよう！

「ANA」アプリを起動し、＜ログイン＞をタップしてANAマイレージクラブにログインします。

＜空席照会・予約＞をタップします。

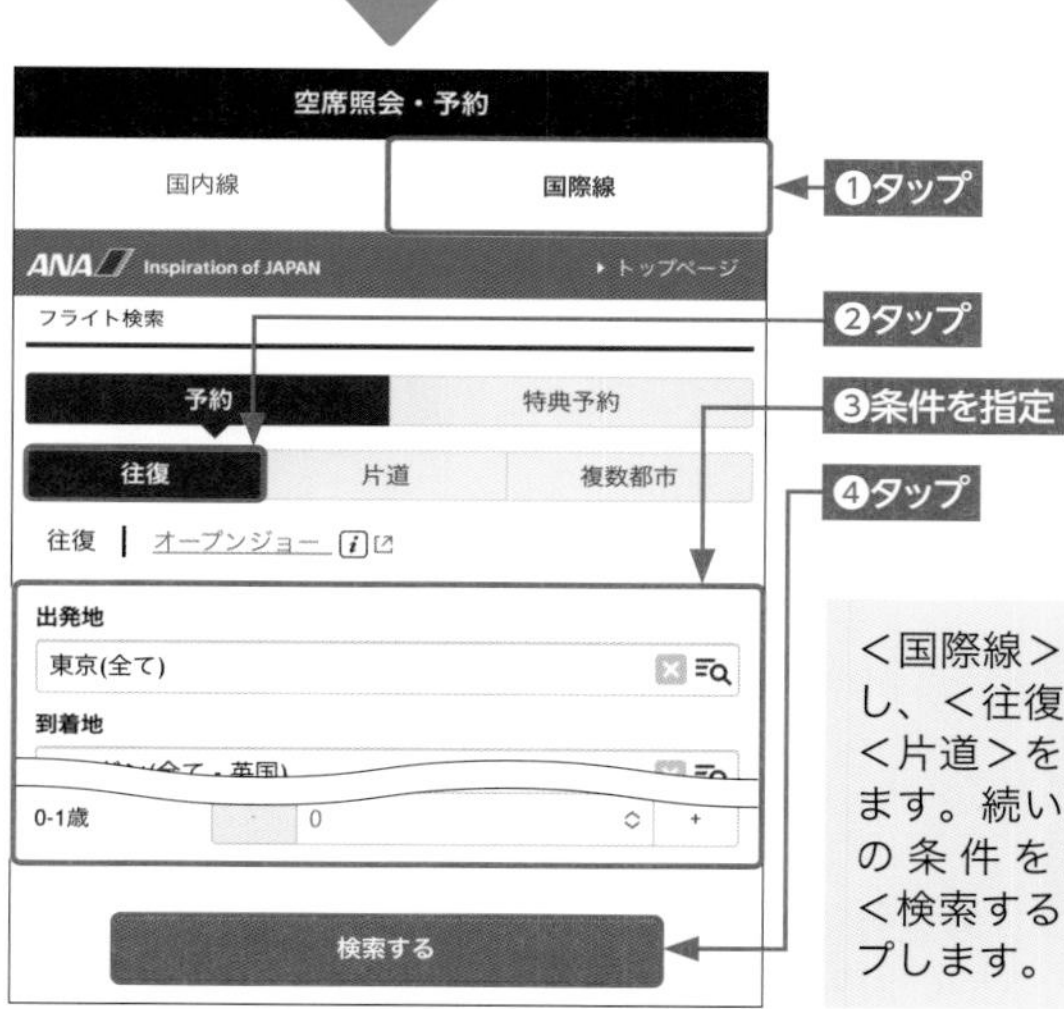

＜国際線＞をタップし、＜往復＞または＜片道＞をタップします。続いて航空券の条件を指定し、＜検索する＞をタップします。

が貯まります（JALのマイレージとは異なります）。貯まったマイレージは航空券や豪華景品と交換できます。

「ANA」アプリを起動したら、画面下部の＜空席照会・予約＞をタップします。検索画面が表示されたら、発着空港、日時、座席の種類などの条件を指定して目的の便を検索し、乗りたい日時や便を選択します。あらかじめANAマイレージクラブにログインしておけば、お客様情報が自動的に反映されるので、面倒な入力の手間を省くことができます。続いて、座席指定や機内食の有無を設定します。なお、提携航空会社の乗り継ぎが発生する際には座席指定できない場合もあります。最後にクレジットカード情報を入力して＜購入する＞をタップし、支払いを行えば完了です。予約キープはできないため、すぐに支払い手続きを行わないと最初からやり直しになってしまいます。必ずクレジットカードを準備しておきましょう。

なお、「ANA」アプリも「JAL」アプリと同様に、アプリで搭乗券を発行できます。やり方は、P.076〜077で解説します。

帰国時の入国手続きがスムーズ!

Visit Japan Webに登録しよう

Visit Japan Webサービスを活用すると、海外から帰国した際に空港でする税関申告手続き（日本国籍の場合）をオンラインで行うことができます。

Visit Japan Webは、日本入国時の手続きをオンライン上で行うことができるサービスで、主要7空港でサービスが導入されています。これまでは、帰国時に税関申告用に「携帯品・別送品申告書」という黄色い紙の記入と税関職員による確認などが必要でした。しかし、このサービスを使うと、紙に記入する代わりにWebサイトから申告品の事前登録ができます。税関での手続き時には、発行した税関申告のQRコードを使った電子申告か有人検査台を利用するか選択可能です。

登録には①航空券、②パスポート、③メールアドレスの3つが必要です。まずは旅行の準備として、Visit Japan We

 Visit Japan Webとは？

- 入国手続き（税関申告）をオンライン上で行える
- 帰国時に航空機内などで書いていた「携帯品・別送品申告書」の代わりにスマホで電子申告できる

▲2023年5月時点では、成田国際空港、羽田空港、関西国際空港、中部国際空港、福岡空港、新千歳空港、那覇空港で利用できます。

 Visit Japan Webの登録に必要なもの

①航空券

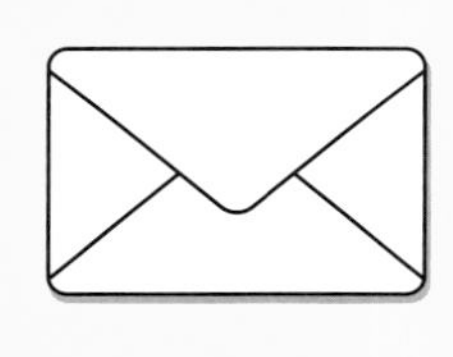

②パスポート

③メールアドレス

▲アカウントの登録は旅行前に済ませておくと安心です。一度アカウントを作成しておけば、次回の海外旅行でも利用できるため、毎回登録する必要はありません。

Visit Japan Webの登録と税関申告をしよう！

●出発前に登録しよう

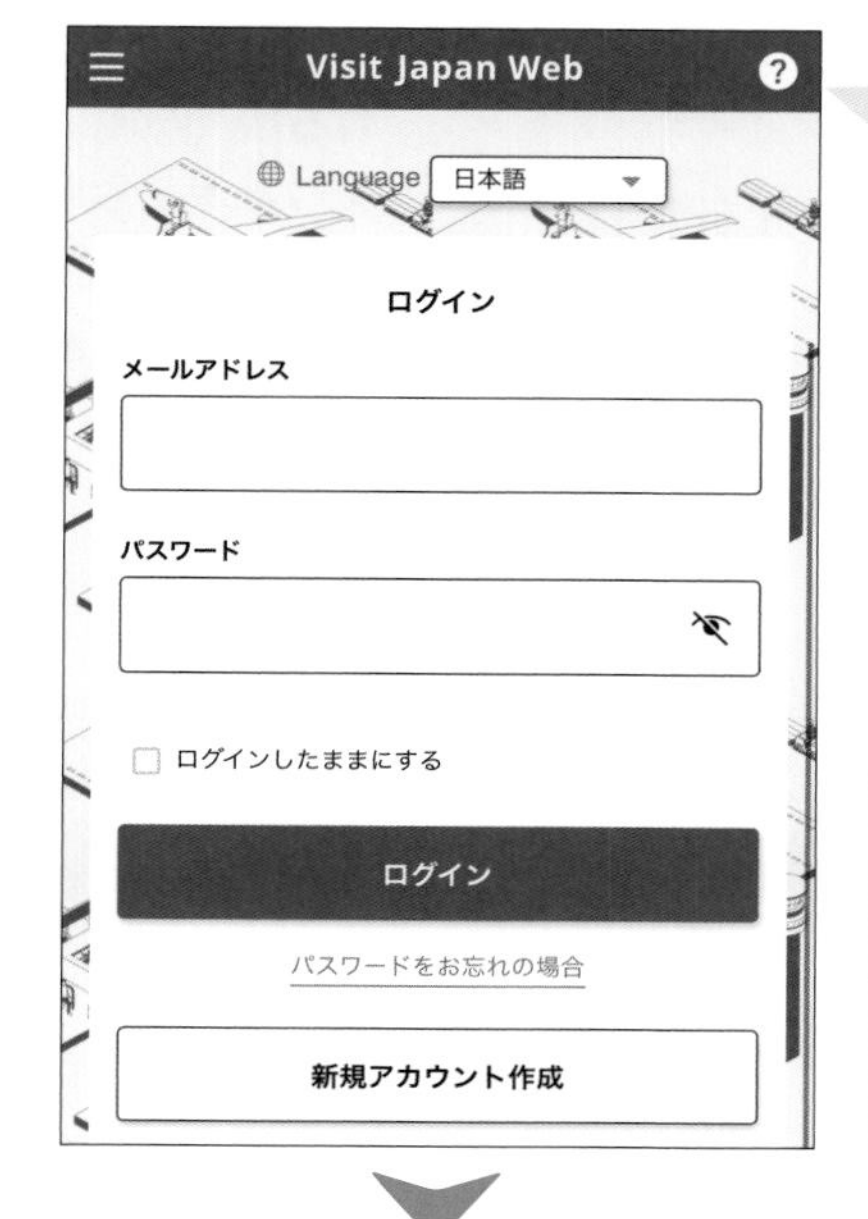

出発前の登録はオンライン

Visit Japan WebのWebサイト（https://vjw-lp.digital.go.jp/ja/）で＜今すぐ登録する＞をタップします。＜新規アカウント作成＞をタップし、画面に従ってメールアドレスとパスワードを登録したら、ログイン画面からログインします。

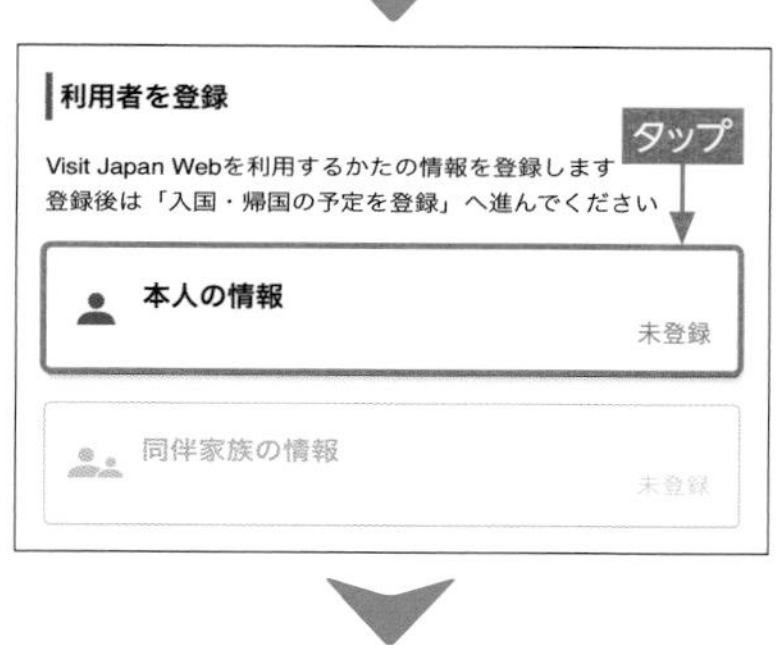

手元にパスポートを用意し、＜本人の情報＞をタップして、パスポートの撮影と住所などの登録を行います。

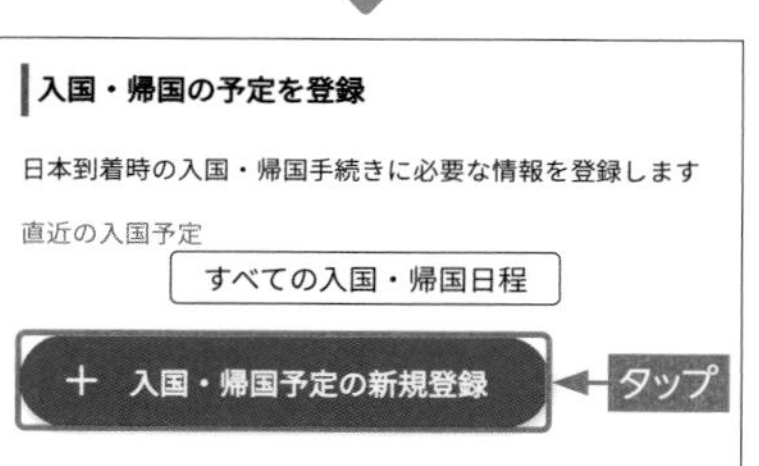

手元に航空券など、帰国日と帰国時の搭乗機名がわかるものを用意します。＜入国・帰国予定の新規登録＞をタップし、予定を登録します。

●現地出発に近いタイミングで登録しよう

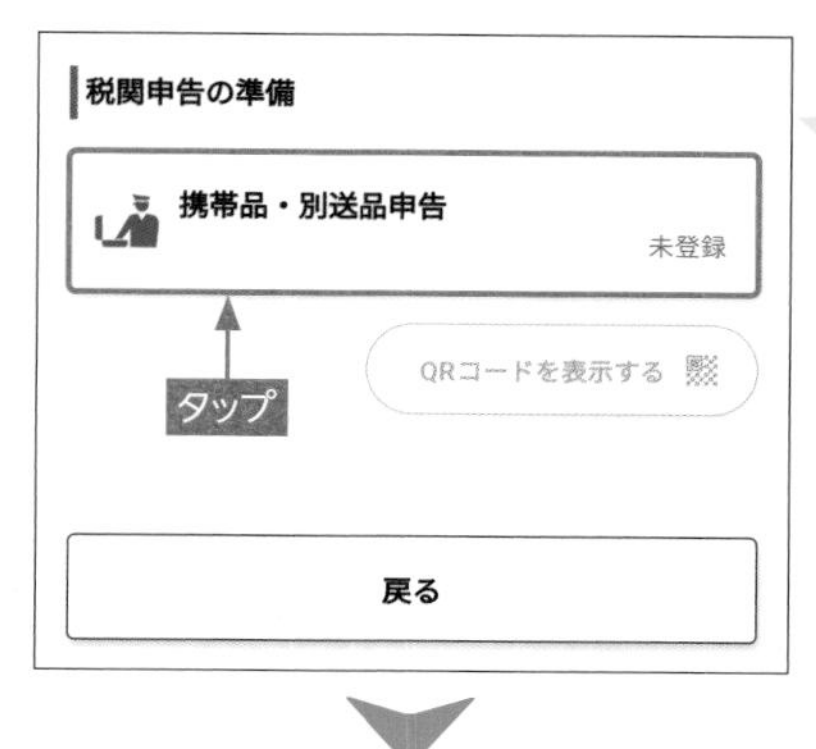

ログインした状態であれば、ここからはオフラインOK

現地出発に近いタイミングまたは機内で＜携帯品・別送品申告＞をタップし、画面に従って税関申告書情報を登録します。

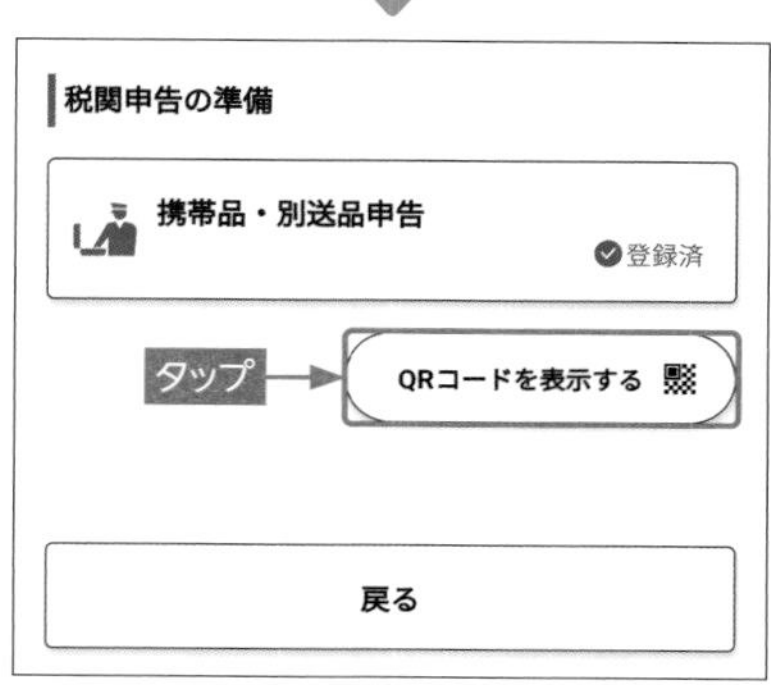

「税関申告の準備」の＜QRコードを表示する＞→＜次へ＞の順にタップして税関申告のQRコードを表示します。

●日本の空港で税関申告をしよう

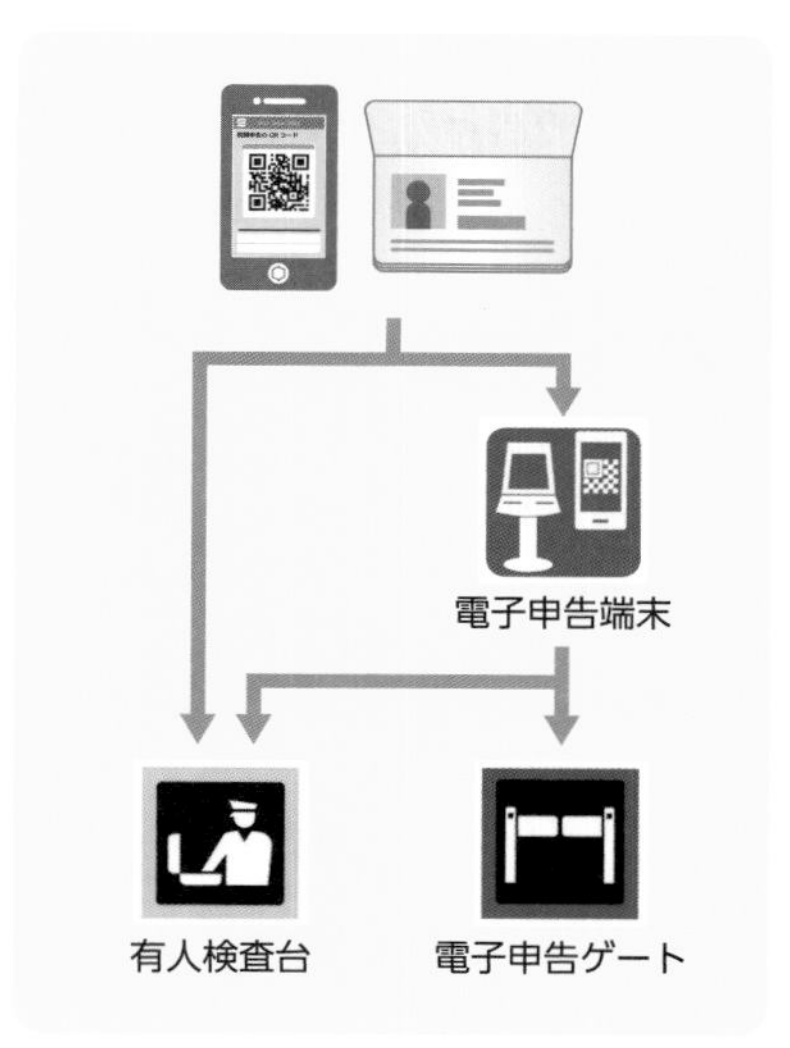

税関審査では、上記のQRコードとパスポートを用意し、電子申告端末で読み取らせ、顔認証をします。荷物を引き取ったら電子申告ゲートに進み、顔認証が問題なければ日本に入国できます。QRコードは有人審査台でも利用できるので、混み具合を見て決めるとよいでしょう。

bのアカウントを作成します。一度アカウントを作成しておけば、次回の海外旅行時に再作成の必要はありません。ログインしたら本人の情報を設定します。このときにパスポートの登録が必要です。また、本人の情報以外にも同伴家族の情報を登録できる項目がありますが、ここではスマホを持っていない家族の情報を登録できます。次に、帰国日時や搭乗する便を入力します。旅行代理店のツアーを申し込んでいる場合、旅行の情報を引用できることもあります。ここまでできたら旅行前の登録は完了です。現地を出発するタイミングか航空機内で、携帯品・別送品申告の入力を進めましょう。日本の空港に着いたら、税関申告のQRコードとパスポートを準備し、電子申告端末で読み取りと顔認証をして、電子申告ゲートを通過します。電子申告ゲートで再度行われる顔認証が問題なければ、日本に入国できます。なお、電子申告端末が混雑しているときは、有人検査台でも税関申告のQRコードの読み取りができるので、空いているほうに並びましょう。

スマホ海外旅行

初めての場所で迷子になっても安心！

渡航先の地図をダウンロードしておこう

旅先で便利な地図アプリですが、通常の場合インターネットに接続していないと表示することができません。万が一のために渡航先の地図をスマホに保存しておきましょう。

「Googleマップ」のような地図アプリを利用するには、インターネット接続が必要です。しかし、海外で地図を利用したいときに、必ずしもインターネット環境が整っているというわけではありません。万が一道に迷ってしまったときに地図が見られないと、とても困ります。そうならないためにも、旅行に出かける前に渡航先の地図をあらかじめダウンロードしてオフラインでも利用できるようにしておきましょう。海外でのインターネット接続は通信量に制限があることも多いですが、旅行に行く前に地図を保存することで、通信量の節約にもつながります。Googleマップのオフライ

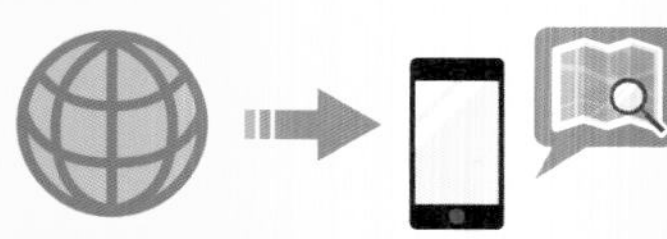

Wi-Fiや電波がなくても安心！

旅行前に地図をダウンロード

旅先でWi-Fiや電波がなくても地図が見られる！

地図をダウンロードしておくと……

❶海外でも地図がすばやく表示される

❷インターネットが使えなくても地図が見られる

❸通信に必要な費用を抑えることができる

Googleマップのオフラインマップ

◀マップのエリア内であれば目的地の検索ができます。検索に利用する言葉は日本語でも大丈夫ですが、一部翻訳されないスポットもあるので注意が必要です。

Googleマップ
提供：Google LLC
【iPhone】【Android】

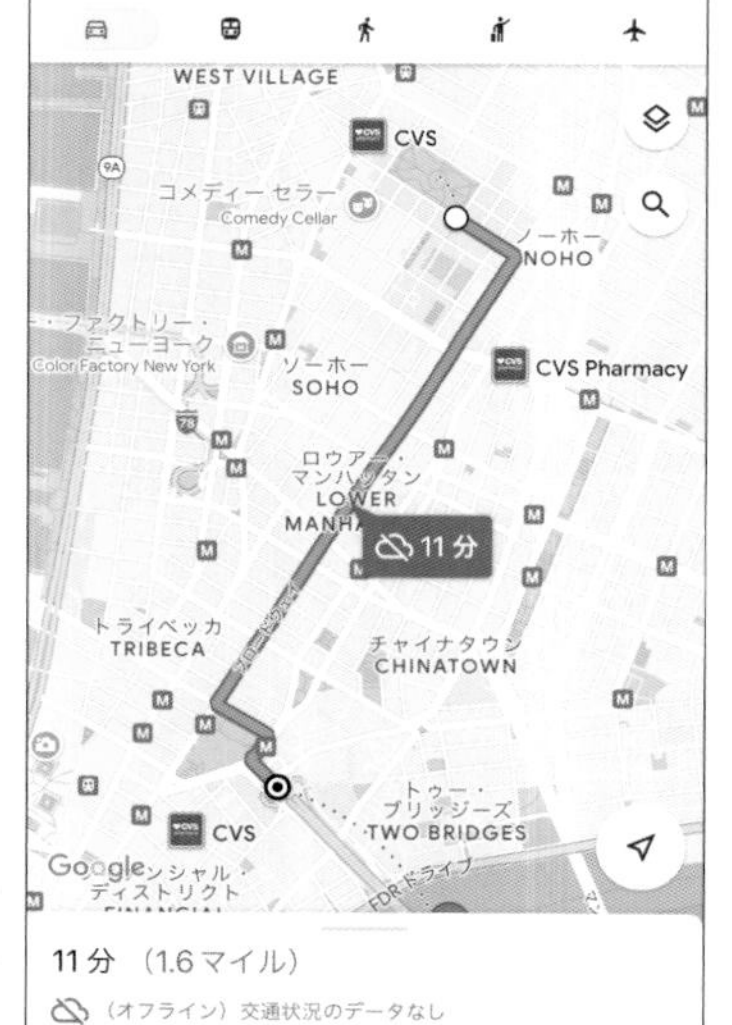

▶現在地から目的地までなどの経路検索ができます。インターネットが利用できなくてもスマホのGPSで現在地がわかります。

地図をダウンロードしよう！

「Googleマップ」アプリを起動し、保存したい地域を表示させます。をタップします。

<オフラインマップ>をタップします。

<自分の地図を選択>をタップします。

<ダウンロード>をタップします。

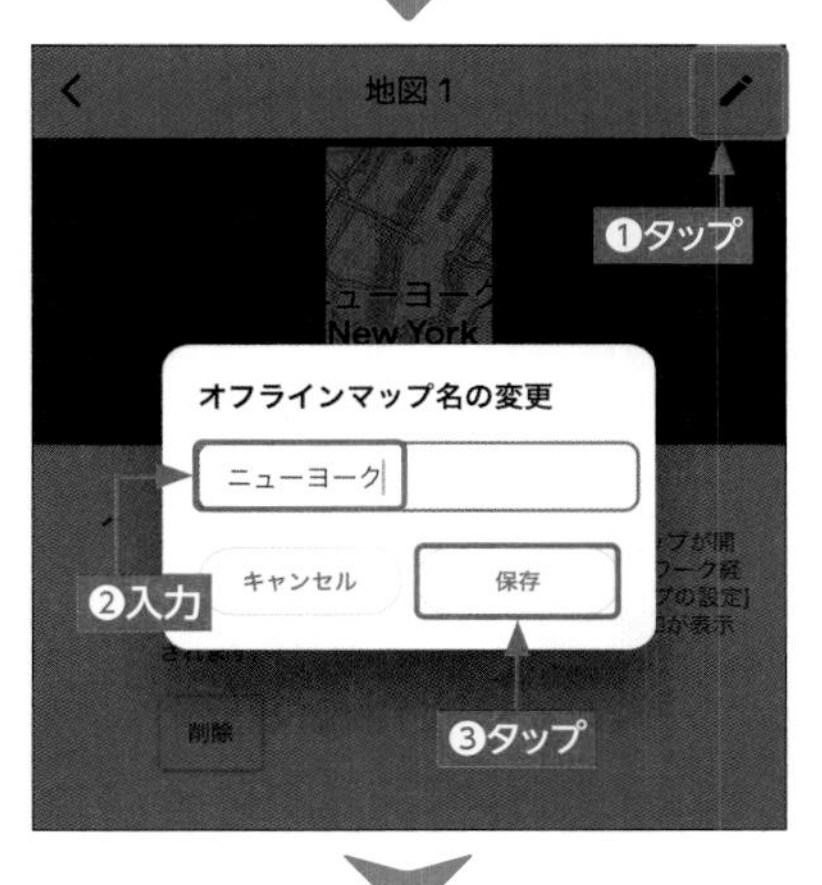

ダウンロードが始まります。をタップしてオフラインマップ名を入力し、<保存>をタップします。

旅行前にすべての渡航先の地図をダウンロードしましょう。

ンマップ機能を利用して地図データをダウンロードしておけば、インターネットが利用できない状態でもスマホのGPS機能で現在地を確認することができます。さらに、車でのルートのみではありますが、経路検索も可能です。ただし、交通情報のダウンロードができないため、所要時間は目安での時間になる点には注意が必要です。Googleマップで提供されるオフラインマップは、インターネットの接続がないときに自動で通常のマップから、切り替わるしくみになっています。オフラインマップの状態でも、路地のような細かな情報まで表示されるのでとても便利です。保存したマップの有効期限は30日間で、有効期限を過ぎると地図が自動的に更新されるようになっています。自動更新したくないときは、設定で変更できるのでオフにしておきましょう。なお、オフラインマップは容量が大きいため、スマホが容量不足にならないように注意しましょう。また、一部の地域ではGoogleマップのオフラインマップに対応していないことがあります。そういった場合は、P.097を参考に別のオフラインマップを検討しましょう。

スマホでいつでも確認できる旅程表を作ろう

旅の行程をスマホに集約して楽々管理

飛行機や宿泊先の情報が入った旅程表は、いつも持ち歩いているスマホから確認できると便利です。自分で作成するのは面倒ですが、KAYAKなら旅程表を自動作成してくれます。

パッケージツアーはあらかじめ旅程が決まっていますが、個人旅行やダイナミックパッケージとなると、自分で旅程表を作成する必要があります。しかし、飛行機や宿泊施設などの情報も加えると膨大な情報量になり、管理が大変です。プランニングアプリ「KAYAK（カヤック）」を使えば、これらの情報をひとまとめにして自分だけの旅程表を作成できます。しかも、旅行代理店や航空券比較予約サイトなど、KAYAK以外で予約購入した宿泊施設・飛行機などの予約メールを取得して旅程表に組み込むことも可能です。

いつも持ち歩くスマホに旅程表を入れておけばすぐに確認できるのはもちろん、紙の旅程表のよう

KAYAKとは？

KAYAK
提供：KAYAK
【iPhone】【Android】

◀KAYAKとは、航空券や宿泊施設を検索し、予約できるサービスです。予約確認メールから旅程表を自動作成してくれる機能があります。旅程表機能を利用するにはアカウントが必要となります。Apple IDやGoogleアカウントなどからサインインすることも可能です。

予約確認メールを取得しよう！

●予約確認メールを転送する

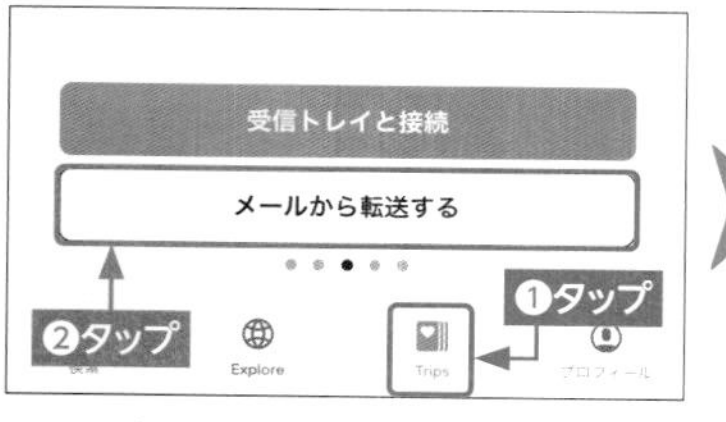

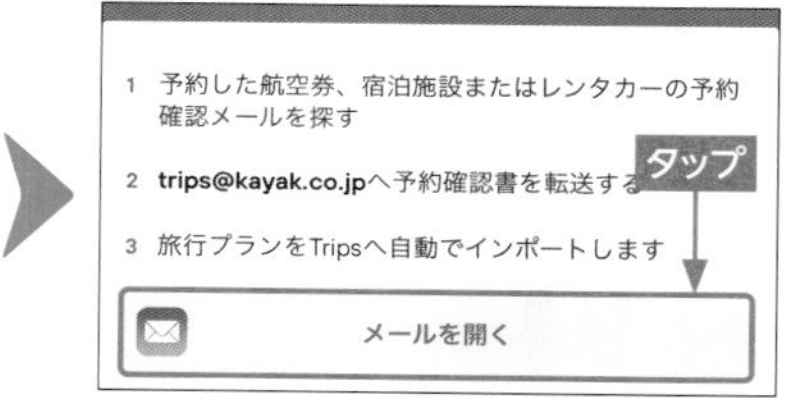

▲アプリを起動したら、＜Trips＞（Androidスマートフォンは☰→＜Trips＞）をタップします。＜メールから転送する＞をタップし、予約確認メールを受信したアプリをタップして、予約確認メールを指定のアドレスに転送します。

●受信トレイから自動取得する

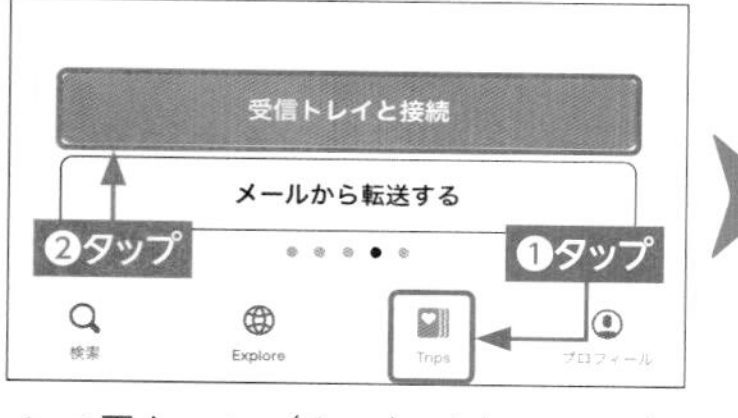

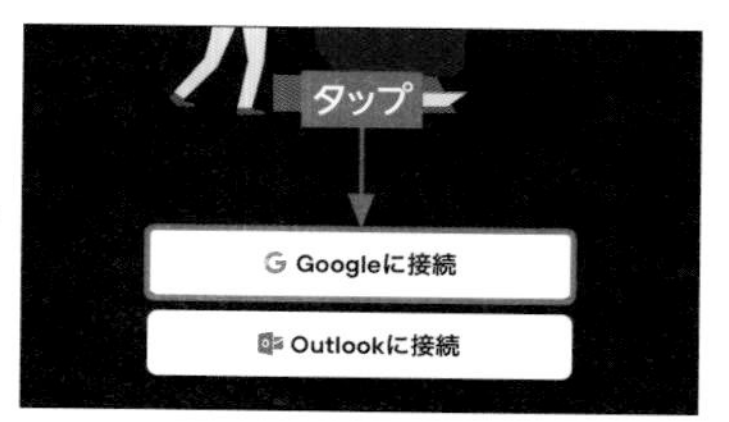

▲＜Trips＞（Androidスマートフォンは☰→＜Trips＞）をタップします。＜受信トレイと接続＞をタップし、＜○○（任意のメールアカウント）に接続＞をタップしてサインインすると、予約確認メールが自動取得されます。

旅程表に手動で予定を追加しよう！

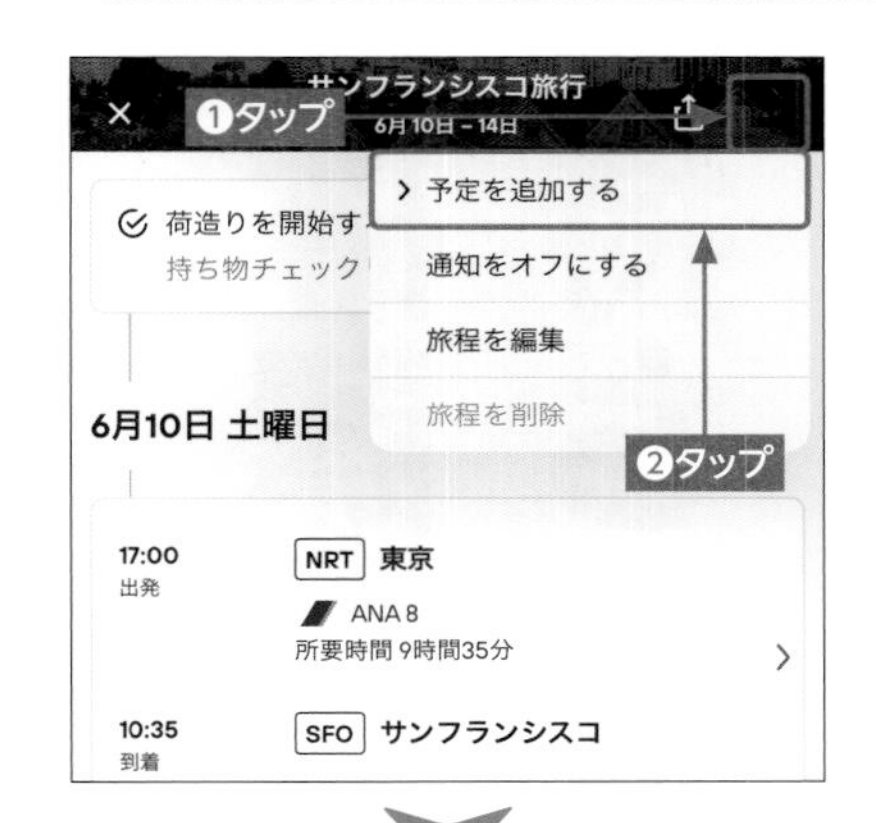

「Trips」画面から旅程表を開き、⋯（Androidは ⋮）→＜予定を追加する＞の順にタップします。

イベントタイプをタップします。

必要事項を入力し、＜保存＞をタップすると、旅程表に追加されます。

旅程表を確認しよう！

予約確認メールを取り込んだら「Trips」画面を表示します。一覧から任意の旅程をタップします。

旅程表では、飛行機の搭乗日時や宿泊日などが時系列順に自動整理されます。確認したい情報をタップします。

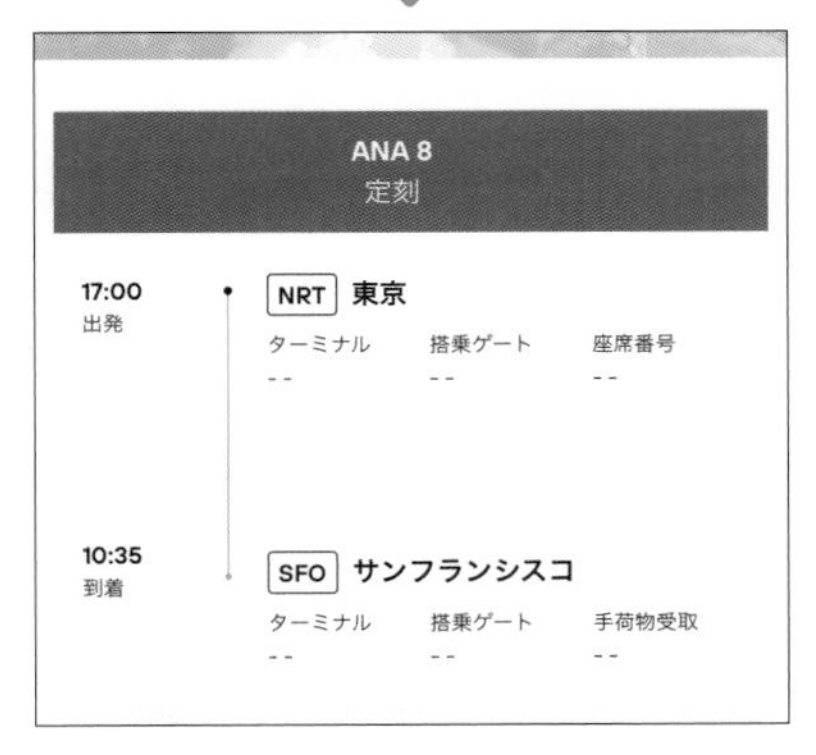

搭乗予定の便名、ターミナル、宿泊施設の名前や住所、ルートなどの詳細情報を確認できます。

にかさばる心配もありません。

　KAYAKの旅程表機能を使うには、アカウントを作成する必要があります。メールアドレスとパスワードを入力してアカウントを作成することもできますが、Apple IDやGoogleアカウントと連携してアカウントを作成するとスムーズです。

　旅程表を自動作成するには、まず予約確認メールを取り込む必要があります。予約確認メールの取得方法は2種類あります。1つ目は、予約確認メールを指定のメールアドレスに転送する方法、2つ目は、メールアカウントと連携して受信トレイから自動的に取得する方法です。旅行や出張に行く機会の多い人は、メールアカウントと連携する取得方法がおすすめです。予約確認メールを取り込むと、「Trips」画面に旅程表が自動作成されます。旅程表をタップすると、飛行機の搭乗日時やホテルへの宿泊日などが時系列順に一覧表示されます。各旅程をタップすると詳細が表示されます。予約確認メールを上手く取得できなかった場合は、旅程表に手動で予定を追加することも可能です。

スマホ海外旅行

スマホで持ち物を管理して忘れを防止！

確認がかんたんにできる持ち物リストを作ろう

海外旅行は人によって必要な持ち物が異なります。現地調達が難しいものもあるため、忘れないよう、スマホで持ち物リストを作成して管理しておきましょう。

海外旅行は荷物が多くなりがちです。機内に持ち込める荷物や預かり荷物には限りがあるので、できるだけコンパクトにまとめたいものです。困ったことに、必要なものを忘れてしまうと、海外では調達できないものも少なくないため、トラブルになる場合もあるでしょう。このような事態に備え、スマホで荷物のチェックリストを作成しておけば、忘れる心配を軽減することができます。

iPhoneの場合は、プリインストールされている「メモ」アプリがおすすめです。実は、「メモ」アプリにはチェックリスト機能が搭載されています。新規メモ画面を開き、☷をタップすると、丸い形をしたチェックボックスが

持ち物リスト作成に便利なアプリ

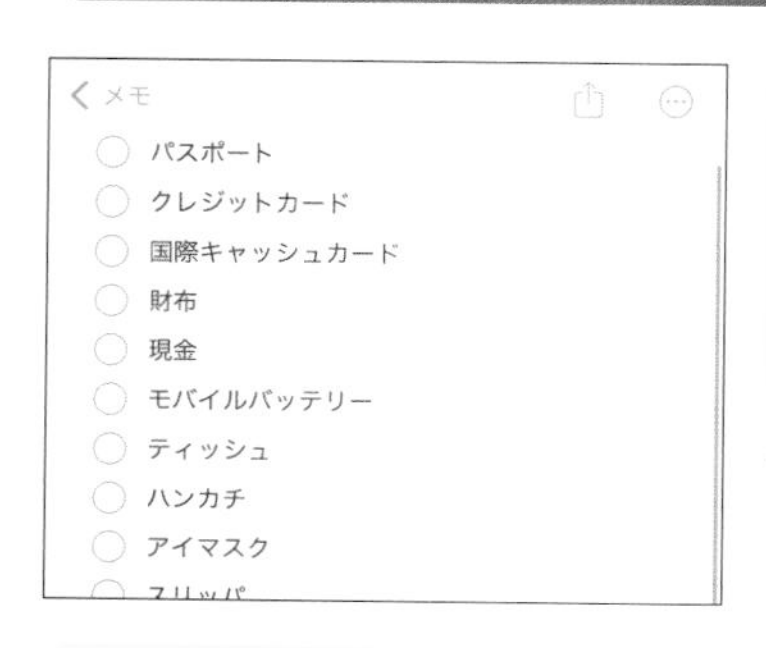

メモ
提供：Apple
【iPhone】

◀iPhoneにプリインストールされている「メモ」アプリには、リスト作成機能があります。シンプルな持ち物リストとして活用できます。

PackPoint
提供：Wawwo
【iPhone】【Android】

▶「PackPoint」アプリは、旅行者の性別や目的、旅行の日程に合わせて最適な持ち物リストを自動的に作成してくれます。

iPhoneのメモアプリで作成しよう！

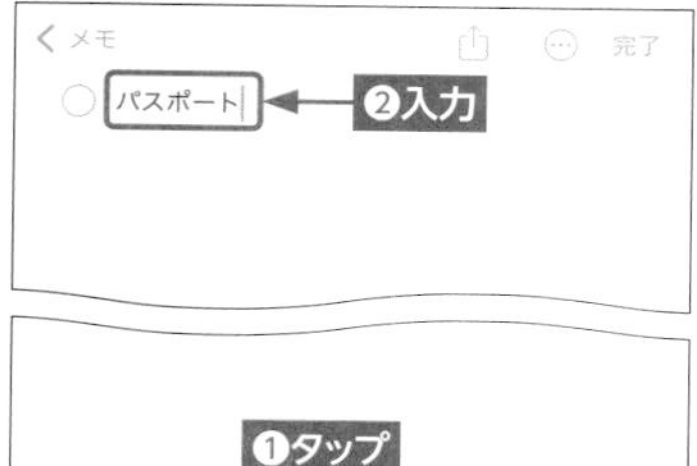

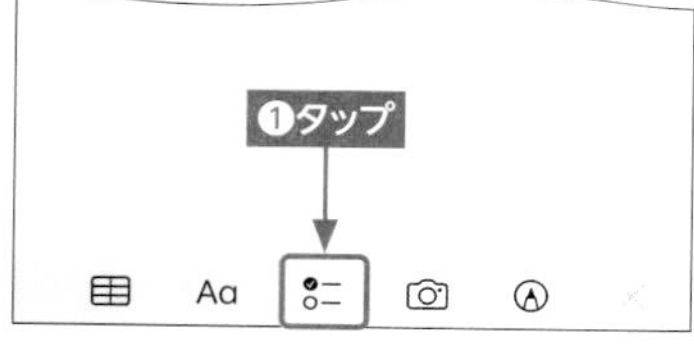

◀「メモ」アプリを起動し、☑をタップして新規メモ画面を表示します。キーボード上部の☷をタップすると、入力欄に丸い形をしたチェックボックスが挿入されます。持ち物を入力していきましょう。

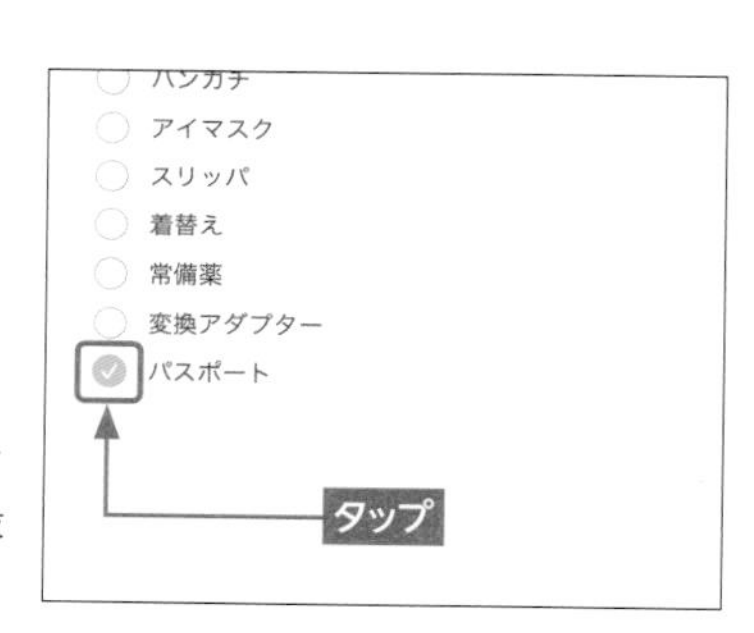

▶チェックボックスをタップすると黄色のチェックマークが付きます。この際、自動並べ替えを有効にしておけば、チェックを付けた項目が最下部へ移動します。

PackPointで作成しよう！

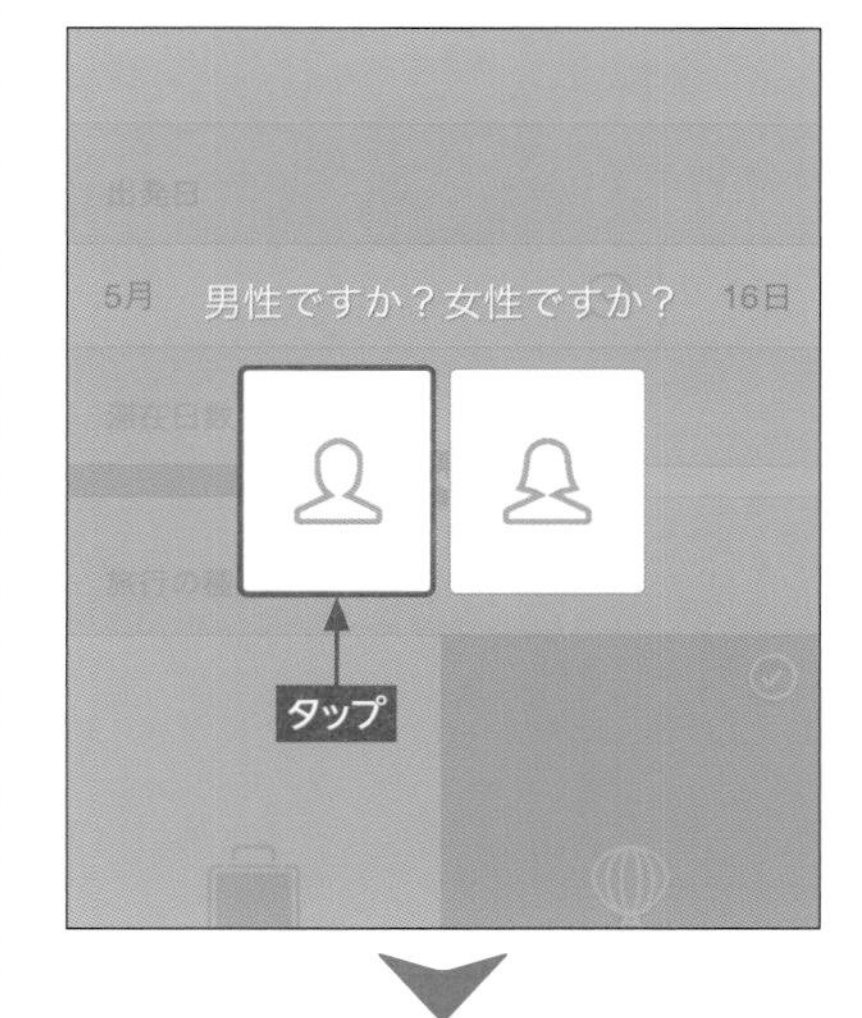

「PackPoint」アプリを起動したら、旅行者の性別を選択します。

行き先、出発日、滞在日数、旅行の種類を設定し、＜アクティビティーを選択する＞をタップします。

アクティビティーを選択し、服の着回しをするかどうかを選択します。＜パッキングを開始＞をタップします。

＜OK＞をタップすると、持ち物リストが自動作成されます。項目をタップするとチェックが付きます。なお、初期設定ではチェックを付けた項目は非表示になりますが、設定で半透明表示にすることも可能です。

挿入されます。チェックボックスの後ろに持ち物を入力し、改行するとその下に次のチェックボックスが挿入されるので、リストを作成しましょう。チェックボックスをタップするとチェックが付きます。すべて手動で入力する必要がありますが、シンプルで見やすく、オフラインでも利用できるのでとても便利です。

Androidスマートフォンの場合は、「PackPoint」というアプリがおすすめです（iPhoneでも利用できます）。性別、旅程、行動計画（アクティビティー）、などの条件を指定すると自動的に持ち物リストを作成してくれるので、海外旅行に慣れていない人でも必要な荷物を把握できます。持ち物名をタップするとその持ち物が非表示になって、リストがすっきりと見やすくなります。なお、チェックした持ち物を半透明表示に設定することも可能です。

これらのアプリを活用して効率のよいパッキングを行い、旅行本番に備えましょう。

現地の情報を事前にスクラップしよう

お役立ち情報をスマホに取り込んで持ち歩こう

書籍やWebページで調べた現地の情報をスマホにスクラップしておけば、インターネットに接続できない場所でも確認できます。ここでは、旅行情報をスクラップする方法を解説します。

観光地やレストランなどのお役立ち情報が掲載されているガイドブックやパンフレットは旅行の必需品ですが、スーツケースに詰め込むと荷物がかさばってしまいます。その上、道端で広げると旅行者であることが一目瞭然となり、スリに目を付けられてしまう危険性もあります。また、近年ではWebサイトで情報を調べる人が多いですが、現地でデータ通信ができないと閲覧することができません。せっかく調べた情報を無駄にしないためにも、スマホへスクラップしておくとよいでしょう。

ガイドブックやパンフレットなど紙媒体の情報は、自分が訪れる場所のページだけをスキャンして電子化しましょう。スキャン系の

ガイドブックやパンフレットを取り込もう！

Dropbox
提供：Dropbox, Inc.
【iPhone】【Android】

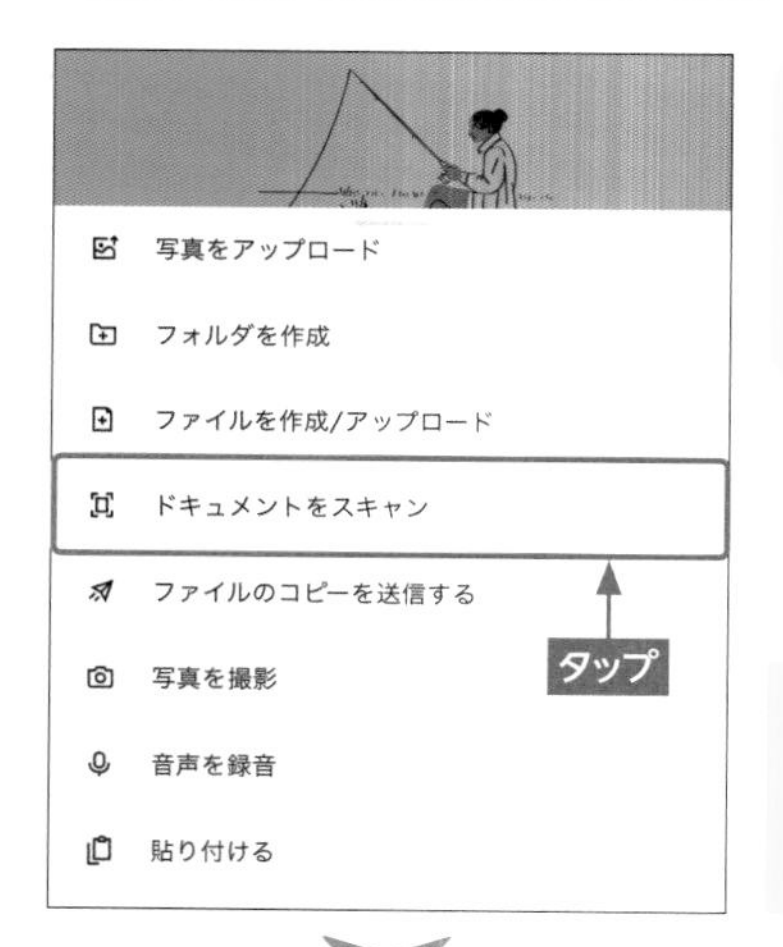

「Dropbox」アプリを起動し、➕（Androidスマートフォンは●）→＜ドキュメントをスキャン＞（Androidスマートフォンは＜ドキュメントのスキャン＞）の順にタップします。

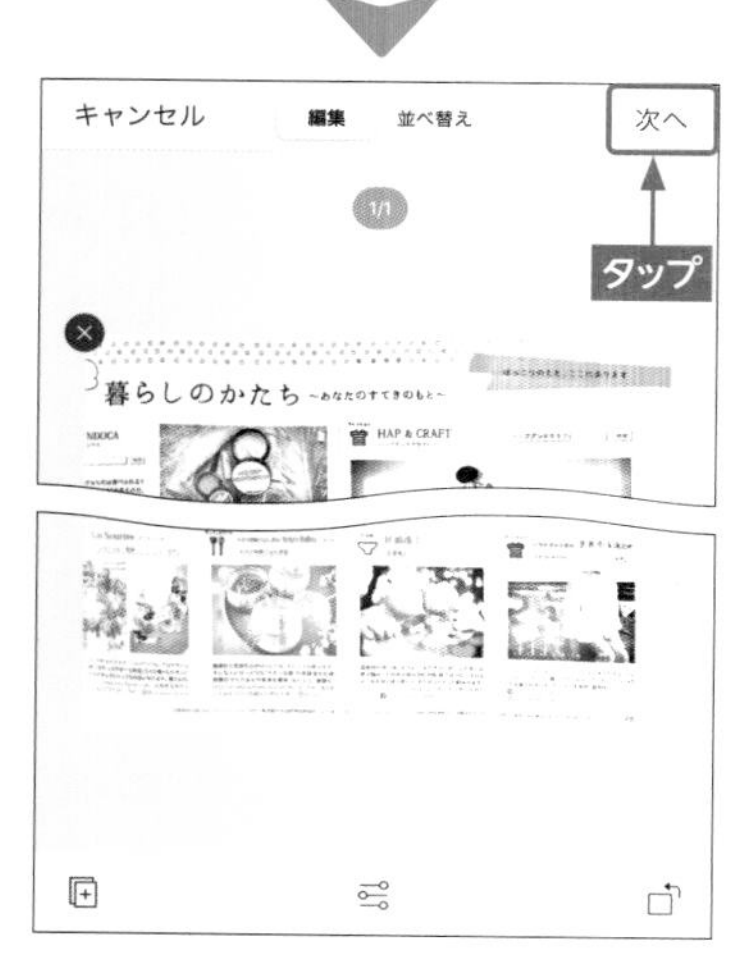

撮影し、必要に応じてページ追加などを行います。取り込み作業が終わったら＜次へ＞（Androidスマートフォンは➔）→＜保存＞（Androidスマートフォンは✓）の順にタップします。

オフラインで閲覧する設定をしよう！

オフラインで閲覧するときは…（Androidスマートフォンは⋮）→＜オフラインアクセスを許可＞の順にタップします。

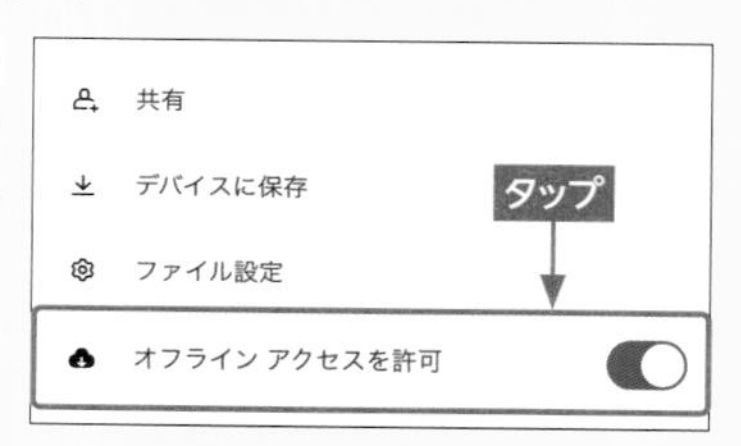

Webページを Pocketに保存しよう！

Pocket
提供：Read It Later, Inc【iPhone】
Mozilla Corporation【Android】

◀ブラウザアプリから保存したWebページをオフラインの状態でまとめて見ることができます。

Safari
提供：Apple 【iPhone】

「Safari」で保存したいWebページを表示し、をタップします。

＜Pocket＞を（表示されていない場合は＜その他＞→＜Pocket＞の順に）タップすると保存されます。

Google Chrome
提供：Google LLC 【iPhone】【Android】

「Google Chrome」で保存したいWebページを表示し、⋮→＜共有＞の順にタップします。

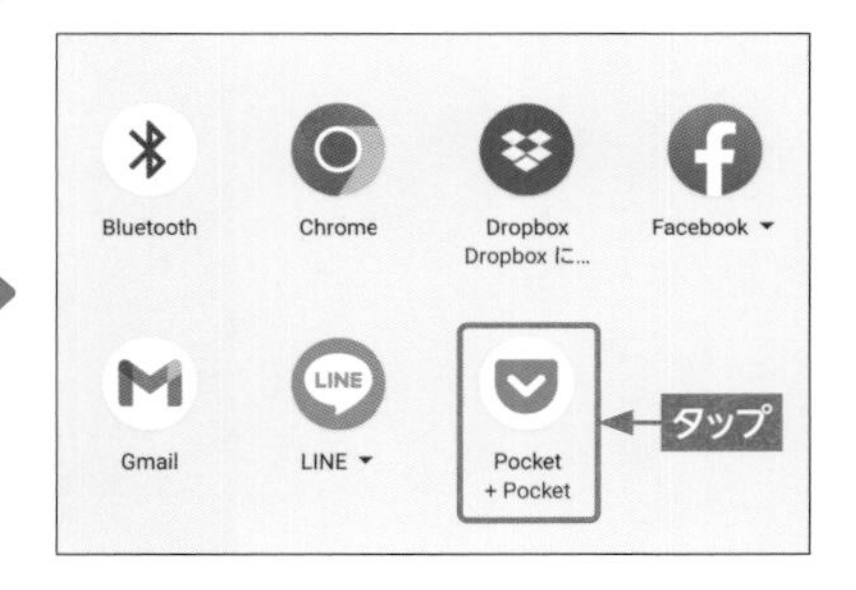

＜Pocket＞を（表示されていない場合は＜もっと見る＞→＜Pocket＞の順に）タップすると保存されます。

アプリはたくさんありますが、DropboxやGoogle Driveがおすすめです。Dropboxはデータをバックアップできるオンラインストレージとしてもおなじみですが、実はスキャン機能も用意されています。Dropboxのスキャン機能で撮影した書籍データは、自動でモノクロになり、文字を鮮明に抽出してくれるため、見やすくなります。電子化された書籍データは、そのままDropboxのストレージに保存されます。取り込んだデータをオフライン化しておけば、データ通信ができない場所でも確認できます。

一方、Webページの情報を取り込みたい場合は、Pocketやブラウザアプリのリーディングリスト機能などがおすすめです。これらの機能を利用すると、アプリ内にWebページを保存してあとからまとめて見ることができます。一部のWebページでは、オフライン表示のときに画像が見られないなど対応していない場合もあります。保存をしたら念のために機内モードなどで確認をしてみると安心です。

現地の天気や気温を確認しよう

天気情報を調べて旅行の準備に役立てよう

当然ですが、海外の気候は日本とは異なります。予定外の出費や面倒を避けるためにも、事前に天気予報アプリなどで、現地の天気や気温をチェックしておきましょう。

海外の気候は、日本とは異なります。想像よりも寒い／暑いと感じることも少なくないようです。現地で着用する服の購入など、予定外の事態を抑えたいなら、天気や気温の調査が欠かせません。荷造りの前に、長期予報を参照できる天気予報アプリや天気情報サイトを活用することをおすすめします。多くのサービスでは、天気予報だけでなく、日の出・日の入りの時刻、湿度、風向きなどの気象情報も提供しているため、当日の服装も臨機応変に決めることができるでしょう。また、アクティビティの予定を決める時などにも重宝します。

現地の気温や天気を調べるのに便利なアプリ

天気
提供：Apple【iPhone】

◀iPhoneにプリインストールされている「天気」アプリは、現在の天気がアニメーション表示されます。1時間ごとの天気や10日間天気予報、体感温度などをスワイプでまとめて確認できます。

気象ライブ（天気ライブ）
提供：Apalon Apps
【iPhone】【Android】

▶「気象ライブ（天気ライブ）」アプリは、オフライン対応のため、オンラインで一度気象情報を入手しておけば、その情報はオフラインの状況下でも閲覧できます。

スマホ海外旅行

スマートタグでもしもに備えよう

ロストバゲージやなくしものの対策をしよう

海外で荷物や貴重品をなくしてしまうと、せっかくの楽しい旅行が台無しになってしまいます。スマートタグを活用して紛失物対策をしましょう。

海外旅行中の不安事項の1つに「なくしもの」があります。スマートタグを貴重品や鞄に付けておくと、スマホから現在地を確認したり、音を出したりできるので、用意しておくと安心です。

また、スマートタグは、空港で預けた荷物が紛失するトラブル、ロストバゲージの対策としても注目されています。ロストバゲージに遭うと、旅程の変更や航空会社での手続きなどの手間もかかりますが、何より「荷物が戻ってくるのだろうか」と不安が高じます。スマートタグでロストバゲージを防ぐことはできませんが、付けておくことで現在地がわかり、それだけでも安心につながります。

おすすめのスマートタグカタログ

<table>
<tr><th></th><th>AirTag</th><th>Tile Pro（2022）</th><th>Tile Slim（2022）</th></tr>
<tr><td>サイズ</td><td>直径：31.9mm
厚さ：8mm</td><td>縦：59mm
横：34mm
厚さ：7.7mm</td><td>縦：54mm
横：86mm
厚さ：2.5mm</td></tr>
<tr><td>重量</td><td>11g</td><td>17g</td><td>16g</td></tr>
<tr><td>バッテリー</td><td>ボタン電池
(CR2032)</td><td>ボタン電池
(CR2032)</td><td>内蔵バッテリー</td></tr>
<tr><td>バッテリー寿命</td><td>約1年</td><td>約1年</td><td>約3年</td></tr>
<tr><td>対応OS</td><td>iOS</td><td>iOS、Android</td><td>iOS、Android</td></tr>
<tr><td>スマホを見つける</td><td>×</td><td>○</td><td>○</td></tr>
<tr><td>おすすめの取り付け場所</td><td>鍵、スーツケース、鞄</td><td>鍵、スーツケース、鞄</td><td>財布、パスポート</td></tr>
<tr><td rowspan="2">特長</td><td rowspan="2">●スマホとBluetooth接続して音を鳴らしたり10cm単位で距離と方向を確認したりできる
●世界中にある数億台のiPhone、iPad、Macが検知した自分のAirTagの位置情報を匿名で確認できる</td><td>●ストラップ穴付き</td><td>●カードサイズ</td></tr>
<tr><td colspan="2">●スマホとBluetooth接続して音を鳴らしたり位置情報を確認したりできる
●最後にBluetooth接続された場所を記録
●世界中のTileユーザーが検知した自分のTileの位置情報を匿名で確認できる</td></tr>
</table>

スマホのバッテリー切れ対策に必須のアイテム

充電ケーブルやモバイルバッテリーを用意しておこう

今や旅行に欠かせない存在となったモバイルバッテリー。海外旅行でも十分活躍してくれる。ここでは、モバイルバッテリーの選び方やおすすめの製品などを詳しく解説します。

旅先では、スマホで地図を見たり写真を撮影したり、お役立ち情報を調べたりなど、普段以上にバッテリーを消費してしまいます。言葉の通じない海外でバッテリーが切れてしまうと不便です。このような事態に備えて、荷造りの際には「モバイルバッテリー（携帯型充電器）」を必ず用意しておきましょう。モバイルバッテリーとは、スマホなどリチウムイオン電池を内蔵した端末を充電できる機器のことです。通常の充電のようにコンセントにつなぐ必要がないため、外出先でバッテリーがなくなりそうなときに重宝します。また、くり返し充電を行って何度も利用できます。

モバイルバッテリーは家電量販

モバイルバッテリーって何？

モバイルバッテリーとは、スマホ本体下側面の外部接続端子とモバイルバッテリーの充電用端子をケーブルでつなぐことで充電できる、いわゆる予備電源や二次電池に該当する機器のことです。

ワット時定格量	160Wh以上	100Wh～160Wh	100Wh以下
機内持ち込み	×	○ ※2個まで	○
預け荷物	×	×	×

▲安全上の理由から、モバイルバッテリーは基本的に機内持ち込みのみが可能です。上記はANAとJALの基準ですが、多くの航空会社でもほぼ同等の基準が設けられています。

モバイルバッテリーの「Wh」がわからない！？

自分が所持しているモバイルバッテリーにWhの記載がない場合は、出力（V）（出力5Vと表記がある場合は、リチウムイオン電池の定格電圧3.7Vで計算）とバッテリー容量（mAh）から調べることができます。

Wh＝出力（V）×バッテリー容量（mAh）÷1000

モバイルバッテリーの性能の違いは？

項目	ポイント
・サイズ／重量	持ち運びやすさ
・バッテリー容量（Wh／mAh）	機内持ち込み／バッテリーの持ち
・出力ポートと数	同時充電可能な端末数／ケーブル
・出力（W／V×A）：急速充電対応	充電速度
・入力ポート：パススルー充電対応	モバイルバッテリーとスマホを同時に充電できるか
・PSE認証マーク	安全基準適合の目印

▲モバイルバッテリーはたいへん多くの種類があり、それぞれ性能も異なります。注目すべきポイントは6つです。目的や予算に合わせて選びましょう。

目的別おすすめモバイルバッテリーカタログ

スマホへの充電回数の目安

容量	充電回数	区分
18.5Wh／5,000mAh	0.5～1回	コンパクト
37.0Wh／10,000mAh	1～3回	大容量
55.5Wh／15,000mAh	2～4回	
74.0Wh／20,000mAh	2.5～5回	超大容量
92.5Wh／25,000mAh	3～6回	
148.0Wh／40,000mAh	5～10回	

①製品名
②メーカー
③サイズ
④重量
⑤バッテリー容量
⑥出力ポートと数
⑦出力：USB PD対応
⑧入力ポート：パススルー充電対応

●持ち運びに便利な軽量小型タイプ

①TNTOR モバイルバッテリー 5000mAh 軽量小型超薄
②TNTOR
③約123×66×6mm
④約116g
⑤5,000mAh
⑥USB-A×1
⑦10W：×
⑧Micro-USB：○

●しっかり充電できる大容量タイプ

①Anker PowerCore Essential 20000
②Anker
③約158×74×19mm
④約343g
⑤20,000mAh
⑥USB-A×2
⑦12W（合計最大出力15W）：×
⑧Micro-USB、USB-C：×

●コンセントからの充電も可能！

①Anker PowerCore Fusion 10000
②Anker
③約82×82×35mm
④約278g
⑤9,700mAh
⑥USB-A×1、USB-C×1
⑦12W（USB-A）、15W／20W（USB-C）：○
⑧コンセント：×（スマホ充電後にモバイルバッテリーを充電）

●マグネットでiPhoneを充電

①Anker 633 Magnetic Battery（MagGo）
②Anker　③約107×66×18mm
④約218g　⑤10,000mAh
⑥USB-A×1、USB-C×1、ワイヤレス
⑦15W／18W（USB-A）、15W／20W（USB-C）（合計最大18W）、7.5W（ワイヤレス）：○
⑧USB-C：○

店やAmazonなどのECサイトで販売されています。たくさん種類があるので、どれを選べばよいかわからない人も多いでしょう。海外旅行に持っていくモバイルバッテリー選びを失敗しないためには、「Wh」もしくは「mAh」で表記されるバッテリー容量を確認しましょう。リチウムイオン電池は衝撃に弱く発熱や発火などを起こす危険があるため、国際民間航空機関（ICAO）によって、預け荷物ではなく必ず機内に持ち込むよう義務付けられています。うっかり預け荷物に入れておくと、没収され破棄される可能性があります。JALやANAの国際線では、160Whを超えるものは持ち込みできません。また、100Wh以上160Wh以下かつリチウム含有量が2g以上8gのモバイルバッテリーは2個まで持ち込みできます。そのほか、急速充電規格の1つである「USB PD（Power Delivery）」対応か（使用にはUSB PD対応スマホとケーブルも必要）、モバイルバッテリーとスマホを同時に充電できるパススルー充電対応かなどを見て検討しましょう。

海外のプラグ形状を確認しておこう

海外で電気製品を使うための準備をしよう

日本で販売されている電気製品を海外でも使用したい場合は、電圧やプラグの形状に注意を払う必要があります。事前にチェックし、必要に応じて変圧器や変換プラグを用意しておきましょう。

日本で販売されている電気製品の電圧は100Vで、コンセントプラグは長方形の差し込み口が縦に2本並んでいる「Aタイプ」と呼ばれる形状をしています。たとえば、アメリカでは日本と同じAタイプのプラグですが、電圧は日本よりも高い120Vです。イギリスの電圧はアメリカよりもさらに高い240Vで、プラグの形状は3つの平型の差し込み口が配置された「BFタイプ」と呼ばれる形状をしています。このように、海外では電圧もプラグの形状も日本とは異なる場合が多いため、電気製品を他国に持ち込んでもそのままでは使用できないケースもあります。渡航先の国でも電気製品を使うためには、あらかじめ電圧と

国によって異なる電圧とプラグ形状

●電気製品の対応電圧を確認する

PSE
定格入力：AC100 50-60Hz
入力容量：19VA(100V)
定格出力：DC8.4V 0.9A

◀日本の電圧のみに対応した電気製品の例

▶海外の電圧にも対応した電気製品の例

定格入力：AC100-240V 50-60Hz
入力容量：19VA(100V) 23VA(240V)
定格出力：DC8.4V 0.9A

日本の家庭用電圧は、世界でもっとも低い100Vを採用しています。電気製品の定格入力が「AC100」にしか対応していないのであれば、基本的に変圧器が必要となります。

●代表的なプラグ形状

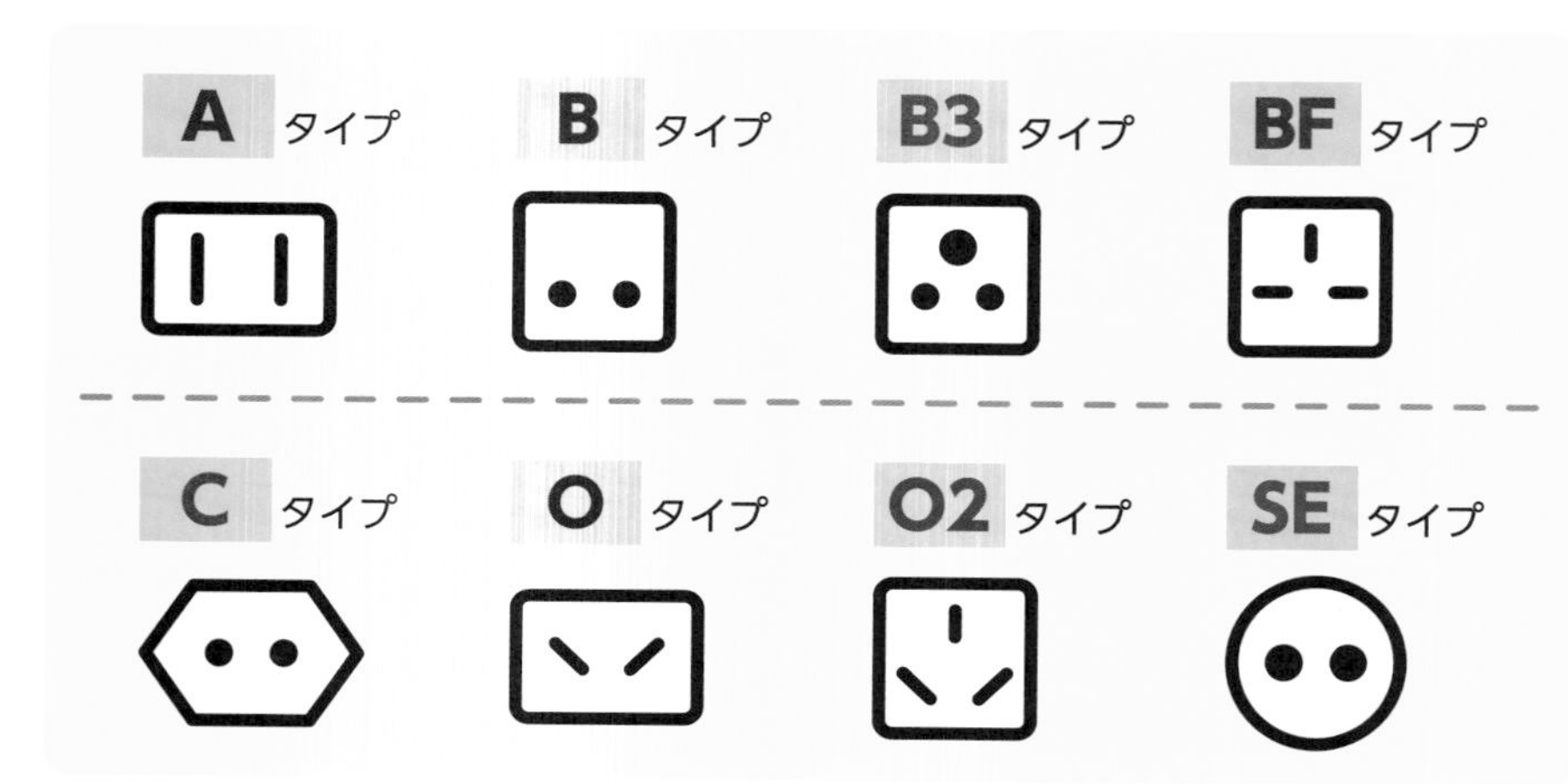

世界各国で使用されている代表的なプラグ形状は8種類。日本はアジア・北米・中東など幅広い地域で使用されているAタイプに該当します。対応する国や地域は、P.070で解説します。

変圧器や変換プラグを購入しよう！

変圧器や変換プラグを購入できる販売店は、主に４種類あります。貸し出しを行っている宿泊施設もありますが、出発前に準備しておくほうがよいでしょう。

●100円ショップで購入する

100円ショップでも販売されています。とにかく安い製品がほしい人には向いていますが、品質もそれなりです。変圧器の購入はできません。

●ネットショップで購入する

Amazonや楽天市場などのECサイトであれば、変圧器や変換プラグの種類が豊富です。24時間365日いつでも購入できます。ただし、手元に届くまで時間がかかる場合もあるので、余裕をもって注文しましょう。

●空港で購入する

買い物する時間がなかった場合は、空港のショップでも販売されています。ただし、価格は割高です。

●家電量販店で購入する

ビックカメラ、ヨドバシカメラ、ヤマダ電機などの家電量販店でも販売されています。価格はやや高めですが、品質が保証されている製品が多いです。

プラグ形状を調べて、電圧を変換調整する変圧器や、プラグの形状を変換調整する変換プラグを用意しておく必要があります。

　まずは、持ち込み予定の電気製品の裏面に貼られている電圧規格シールや、取扱説明書などに記載されている定格入力（定格電圧）という項目をチェックします。定格入力が「AC100」と記載されている場合は、その製品が日本の電圧にしか対応していないことを意味し、変圧器が必要となります。定格入力が「AC100-240V」と記載されている場合は、海外の電圧にも対応しているため変圧器は不要です。

　プラグはAタイプとBFタイプを含め、大きく分けて8種類の形状が存在します。日本と同じAタイプのプラグの国であれば変換プラグは必要ありませんが、それ以外の形状であれば変換プラグが必要です。

　宿泊施設によっては変圧器や変換プラグが用意されていることもありますが、基本的にはあてにしないほうがよいでしょう。現地での調達は面倒なので、渡航前に家電量販店やECサイトなどで購入しておくことをおすすめします。

海外の電圧・プラグ形状カタログ

ここでは、旅行先として人気の高い国の電圧とプラグ形状を表にまとめました。表に掲載しきれなかった国の電圧・プラグ形状は、渡航先の国の観光局が運営するWebサイトなどで参照してください。

●アジア

国	電圧	プラグ形状
中国	220V	B、C、O など
台湾	110V	A（C、O）
香港	220V	BF（B）
韓国	220V (110V)	C、SE、A
タイ	220V	A、BF、C
フィリピン	220V	A（B3、C、O）
シンガポール	230V	BF（B3）
インドネシア	220V	C
ベトナム	220V (110V)	A、C（SE、BF）
カンボジア	220V	A、C（SE）
マレーシア	240V	BF

●オセアニア

国	電圧	プラグ形状
オーストラリア	220V、240V	O
ニュージーランド	230V、240V	O

●中東・アフリカ

国	電圧	プラグ形状
トルコ	220V	C（B、B3、SE）
ヨルダン	220V	C、B、BF、A
アラブ首長国連邦	220V、240V	BF
エジプト	220V	C

●ヨーロッパ

国	電圧	プラグ形状
イギリス	220V、240V	BF
イタリア	220V（125V）	C
フランス	220V	C
スペイン	230V	C
ドイツ	230V	C（SE）
オーストリア	230V	C（SE）
マルタ	240V	BF、B3、C
フィンランド	220V、230V	C

●北米

国	電圧	プラグ形状
アメリカ	120V	A
カナダ	110～120V	A

●中南米

国	電圧	プラグ形状
メキシコ	110V、120V、127V	A
キューバ	110V、220V	A、B
エクアドル	110V	A
ペルー	220V	A、C（SE）
ボリビア	220V（110V）	A、C
チリ	220V	C（O）

空港や機内でも
スマホを利用したい!

空港・機内編

チェックインや搭乗は時間に余裕を持って行動したいものですが、待ち時間が長く感じるかもしれません。フライト時間も長いので、空港や機内でもスマホを使えるように設定しましょう。

空港で無料Wi-Fiや充電を利用しよう

飛行機の待ち時間も有効活用したい！

自宅から飛行機に搭乗するまでの時間は有効活用したいものです。リムジンバスや空港の無料Wi-Fiサービスを利用すれば、インターネットで渡航先の情報などをチェックできます。

自宅から空港に行き、飛行機に搭乗するまでには相当な時間がかかります。この時間を有効活用したいものです。リムジンバスや空港でインターネットを利用して、フライトスケジュールや渡航先の情報を事前にチェックできれば、飛行機を降りたあとの行動がスムーズに運ぶことでしょう。

空港への交通手段として、リムジンバスを多くの人が利用しています。このリムジンバスの車内では無料でWi-Fiを利用することができます。利用方法は、リムジンバスに乗車したら、スマホのホーム画面で〈設定〉をタップし、〈Wi-Fi〉をタップしてオンにして、リムジンバスのSSIDを選択してWi-Fi

空港で無料Wi-Fiを利用しよう！

◀シンガポール・チャンギ国際空港では、「#WiFi@Changi」に接続するだけで無料Wi-Fiが利用できます。

制限エリアでも充電ができる！

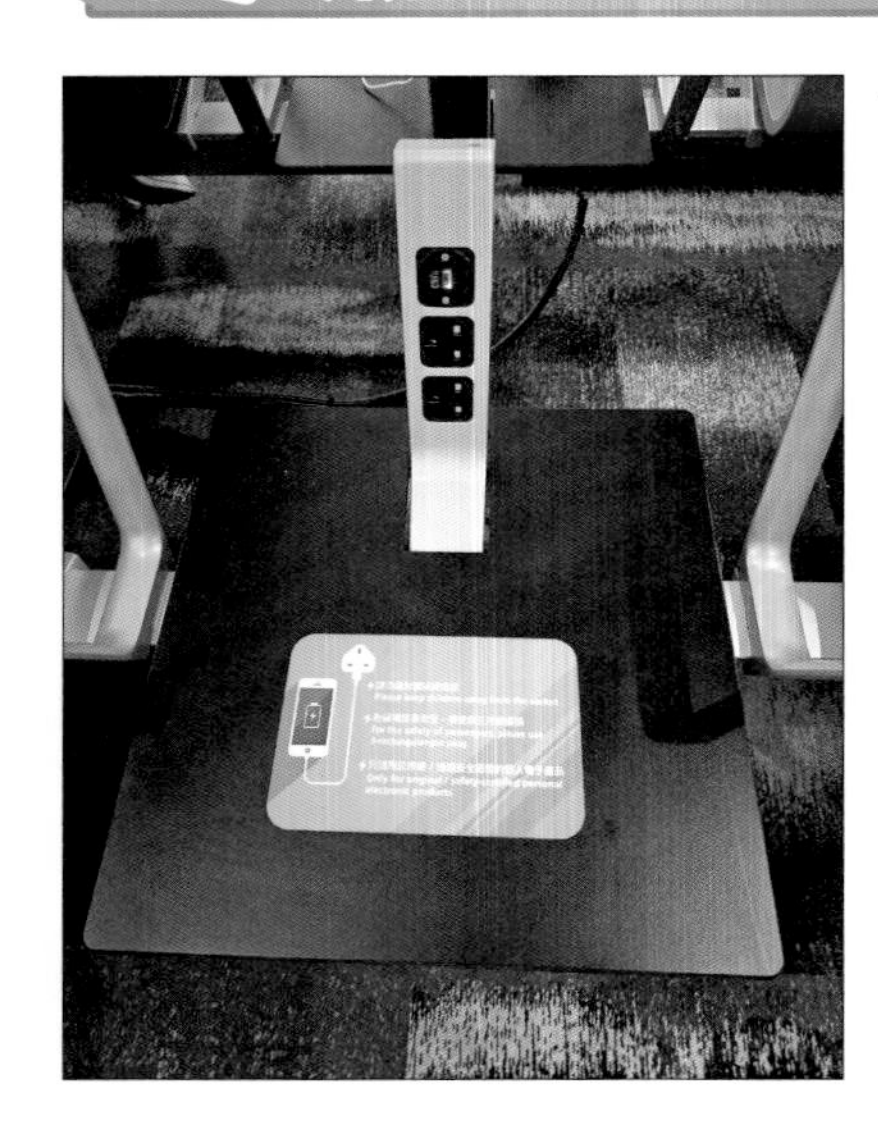

◀香港国際空港の制限エリア内に設置されている充電ポイントです。空港によってはUSBポートが利用できるところもありますが、セキュリティに懸念があるため、現地のコンセントプラグ（P.070参照）を使うよう指示されていることもあります。

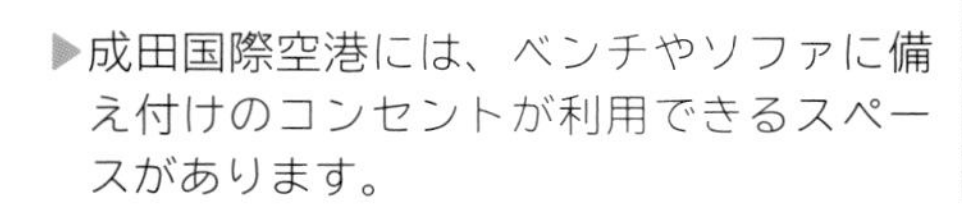

▶成田国際空港には、ベンチやソファに備え付けのコンセントが利用できるスペースがあります。

成田国際空港の無料Wi-Fiに接続できないときは

ブラウザ(iPhoneでは「Safari」アプリ)を起動します。

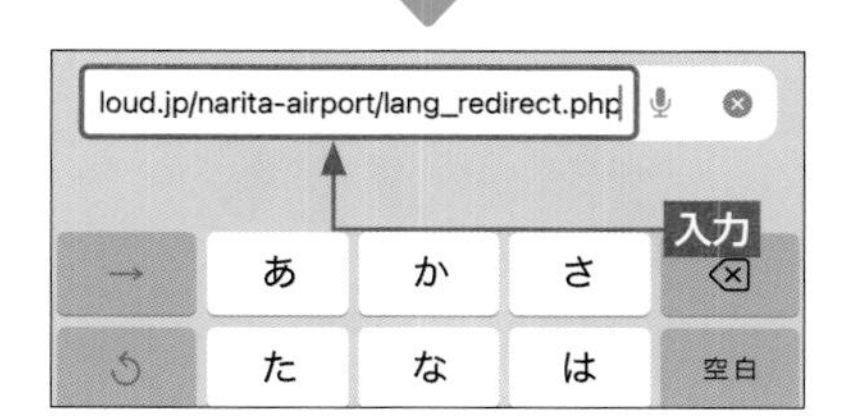

Wi-Fi接続画面 (http://www.wifi-cloud.jp/narita-airport/long_redirect.php) に直接アクセスします。

リムジンバスでも無料Wi-Fiが利用可能！

1. 成田国際空港や羽田空港に向かうリムジンバスでは「Limousine_Bus_Free_Wi-Fi」、関西国際空港に向かうリムジンバスでは「Airport_Bus_Free_Wi-Fi」に接続する
2. インターネットブラウザアプリを起動する
3. 利用規約に同意する（成田国際空港や羽田空港に向かうリムジンバスの場合はSNSアカウントやメールアドレスでログインが必要）
4. 認証画面に必要事項を入力する

◀空港へ向かうときや空港から自宅に帰るときに便利なリムジンバスでも無料Wi-Fiが利用できます。左記のステッカーが目印です。

成田国際空港の無料Wi-Fiを使ってみよう！

P.031を参考にWi-Fiをオンにし、＜Free WiFi-NARITA＞をタップして接続します。

Wi-Fi接続画面が自動で表示されます。Wi-Fi接続画面で＜インターネットに接続する＞をタップし、「利用規約・セキュリティについて」画面で＜同意する＞をタップすると無料Wi-Fiに接続されます。

ネットワークに接続します。ブラウザが起動して、利用規約が表示されるので、同意すると利用できるようになります。IDやパスワードの入力は必要ありません。

国内ばかりでなく海外でも、ほとんどの空港施設で、無料でWi-Fiを利用することができます。空港の無料Wi-Fiも、リムジンバスとほとんど同じ操作で利用することができます。

なお、空港やリムジンバスだけでなく、鉄道の駅や一般のバスターミナル、ショッピングモール、観光地などにも無料Wi-Fiが提供されています。無料Wi-Fiが利用できる場所は、年々世界的に拡大しているので、ぜひ活用してみましょう（P.032～035参照）。

また、保安検査場を過ぎたあとの出発ロビーに充電スポットを備えている空港も多くあります。充電コードとACアダプタさえあれば、バッテリーの残量を気にすることなくスマホを利用することが可能です。充電スポットの設備がコンセントのみの場合は、ACアダプタのほかに変圧器や変換プラグの用意が必要となるので注意しましょう（P.068～070参照）。

スマホを使ってチェックインしようJAL編

スマホを使ってスムーズにチェックイン！

空港でチェックインしようとすると、カウンター前は長蛇の列ということも珍しくありません。行列に並ばずにスマホでチェックインを済ませれば、無駄な時間を省くことができます。

リムジンバスや空港で無料Wi-Fiが利用できるようになれば、事前にスマホからフライトのチェックインもできるようになります。空港のカウンターでチェックインしようとすると、何十分も行列に並ばなければならないこともあります。しかし、空港に向かうリムジンバスの中でスマホを使ってチェックインをしてしまえば、無駄な時間が節約できます。

日本で国際線を運航している大手の航空会社はJALとANAですが、まずはJALのオンラインチェックイン「Webチェックイン」の利用方法を紹介します。JALのWebサイトに〈搭乗・チェックイン〉をし、アクセス

JALのチェックイン方法

1. JALカウンターでのチェックイン
2. 自動チェックイン機
3. Webチェックイン（国際線QuiC）

◀羽田空港のJALチェックインカウンターの近くに自動チェックイン機が設置されています。

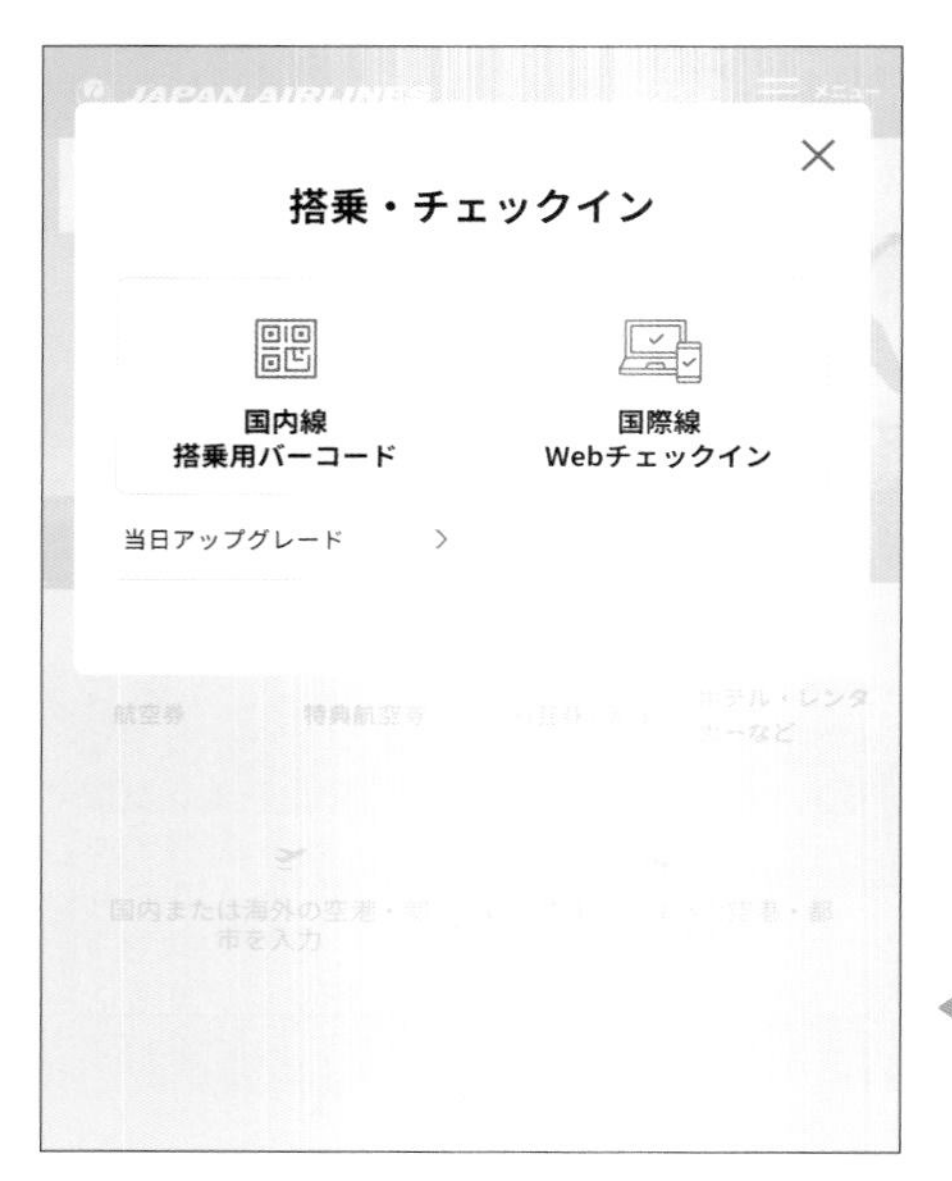

◀Webチェックイン（国際線QuiC）を利用すると、空港へ向かう空き時間にチェックインすることができます。

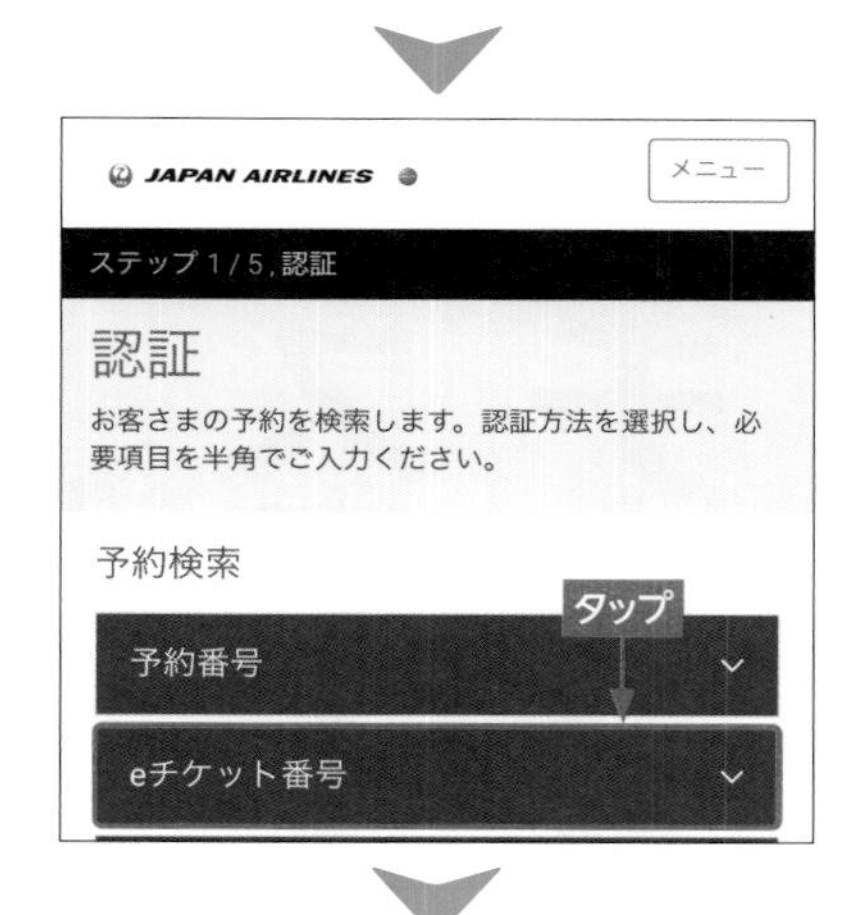

「認証」画面で予約検索をします。ここでは＜eチケット番号＞をタップします。

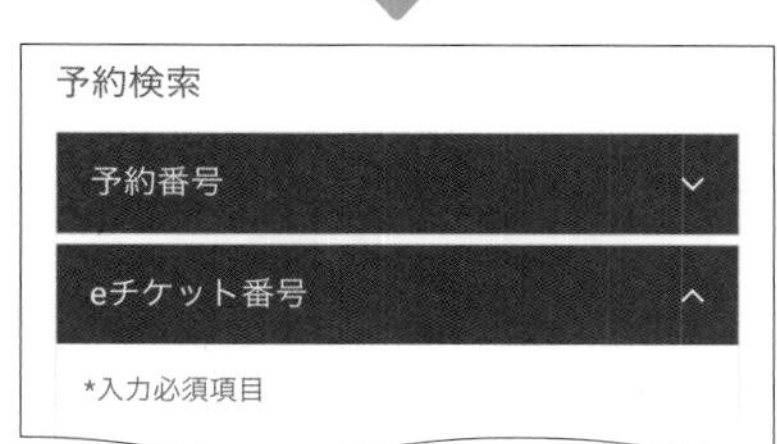

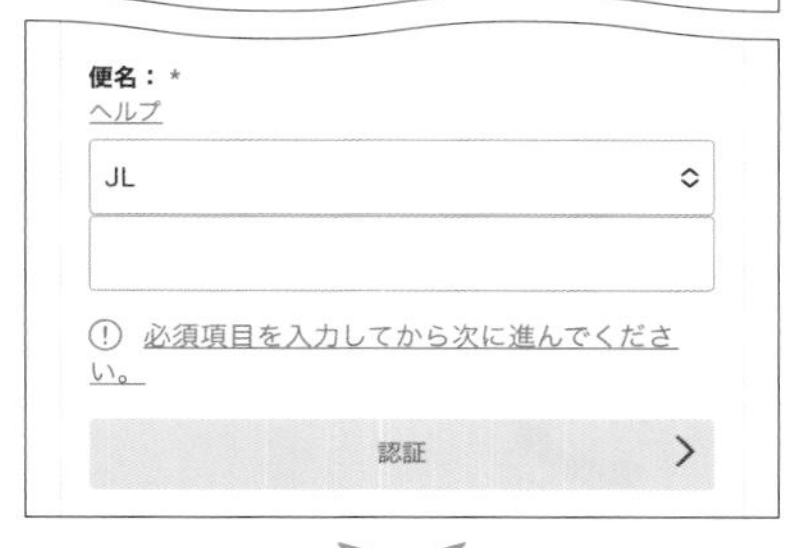

Eチケット番号、出発日、姓、名、便名を入力して、＜認証＞をタップします。

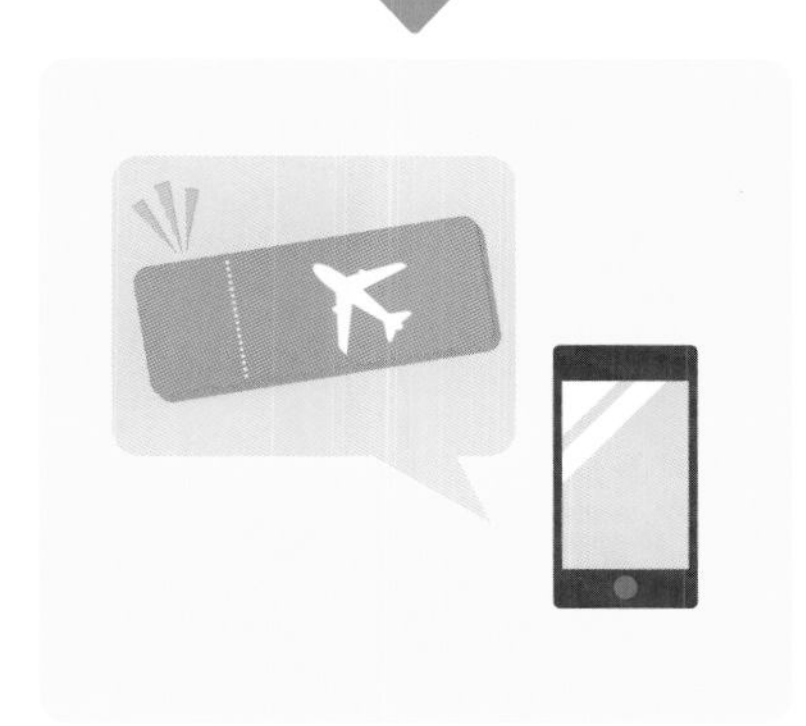

画面に従って必要事項の入力や確認などを進めると、「搭乗券の発行」画面で搭乗券が発行されます。＜iPhone／iPadで受け取る（Walletを利用）＞→＜追加＞の順にタップすると、「Apple Wallet」アプリに搭乗券が登録されます。

Webチェックイン（国際線QuiC）をしよう！

JALのWebサイト（https://www.jal.co.jp/jp/ja/）で＜搭乗・チェックイン＞をタップします。

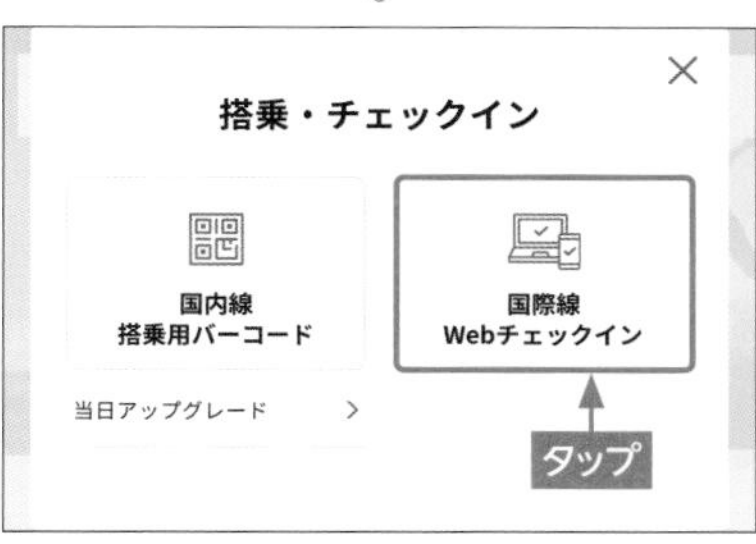

＜国際線Webチェックイン＞をタップします。

「JAL」アプリの場合は、ログイン後のホーム画面で＜今すぐWebチェックイン＞をタップします。

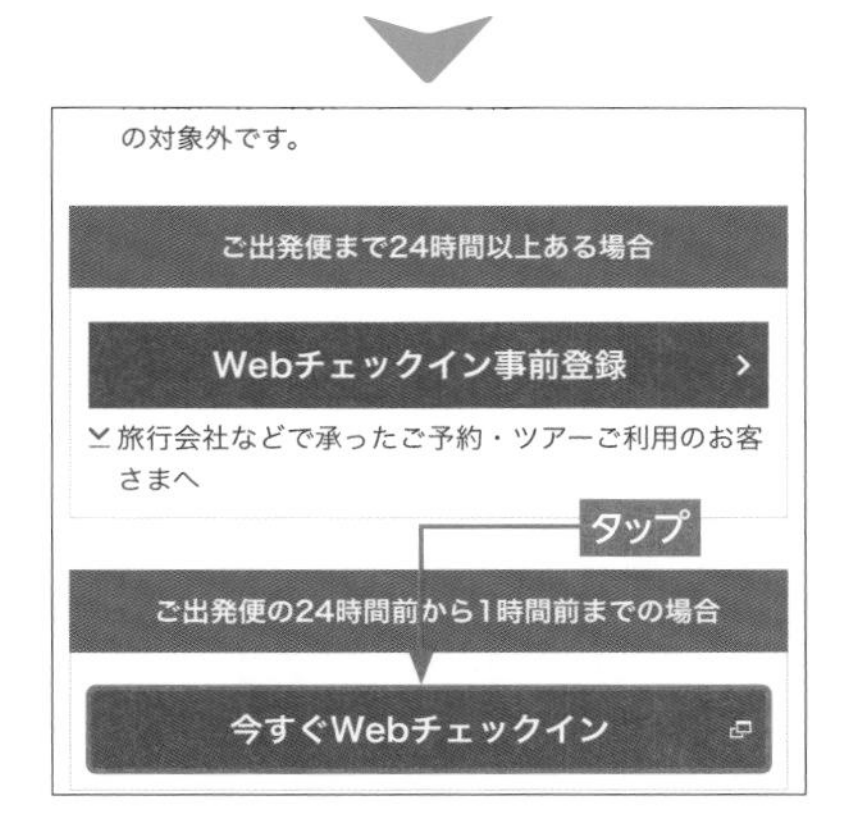

出発便までの時間を選び、タップします。ここでは、＜今すぐWebチェックイン＞をタップします。

タップします。次に表示される画面で＜国際線Webチェックイン＞をタップしましょう。搭乗するフライトまでの時間が24時間以上かどうかで認証画面は異なりますが、画面表示に従って必要事項を登録すればチェックインが完了します。登録に必要となるものは、個人旅行の場合は予約番号や航空券番号などが記載されている「eチケットお客様控」、「パスポート」、搭乗券をメールで受け取るのに必要になる「メールアドレス」、団体旅行の場合はこれに旅行会社から案内された「認証番号」が加わります。事前にスマホのメモに情報を保存しておけば、スマホひとつでチェックインを済ませることができます。チェックインと同時に搭乗券が発行されるので、それをスマホで表示できるようにすれば、ペーパーレスで飛行機に搭乗することが可能です。

なおJALの場合、スマホでチェックインできるのは出発予定時刻の24時間前から1時間前までなので注意しましょう。また、手荷物を預ける場合は、搭乗する便が出発する60分前までにQuiC手荷物カウンターで手続きをしましょう。

スマホを使ってチェックインしようANA編

カウンターに並ぶ煩わしさを解消！

搭乗するフライトがANAであっても、スマホを利用してチェックインすることができます。「ANAマイレージクラブ会員」であれば、よりスムーズにチェックインが可能です。

ANAの場合は、Webサイトで〈海外〉をタップし、〈チェックイン〉をタップすれば、オンラインチェックインの手続きを始めることができます。〈予約番号〉か〈航空券番号〉をタップして入力し、フライトの予約検索をします。予約情報が表示されたら、画面の表示に従ってデータを登録しましょう。ANAマイレージクラブの会員であれば（P.052参照）、〈会員番号〉をタップし、お客様番号とWebパスワードを入力してログインするだけで、データ入力などの煩雑な作業はほとんどなくなります。表示内容を確認するだけで、あっという間にチェックインを行うことができるのでとても便利です。

ANAのチェックイン方法

1. ANAカウンターでのチェックイン
2. 自動チェックイン機
3. オンラインチェックイン

◀羽田空港国際線ターミナル出発ロビーのANAのカウンターでチェックインが行えます。

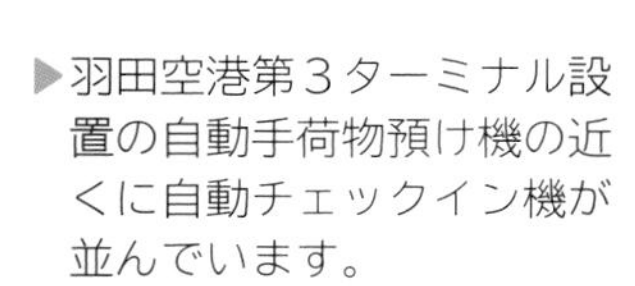

▶羽田空港第３ターミナル設置の自動手荷物預け機の近くに自動チェックイン機が並んでいます。

◀ANAのオンラインチェックインは、出発の24時間前から75分前まで利用できます。

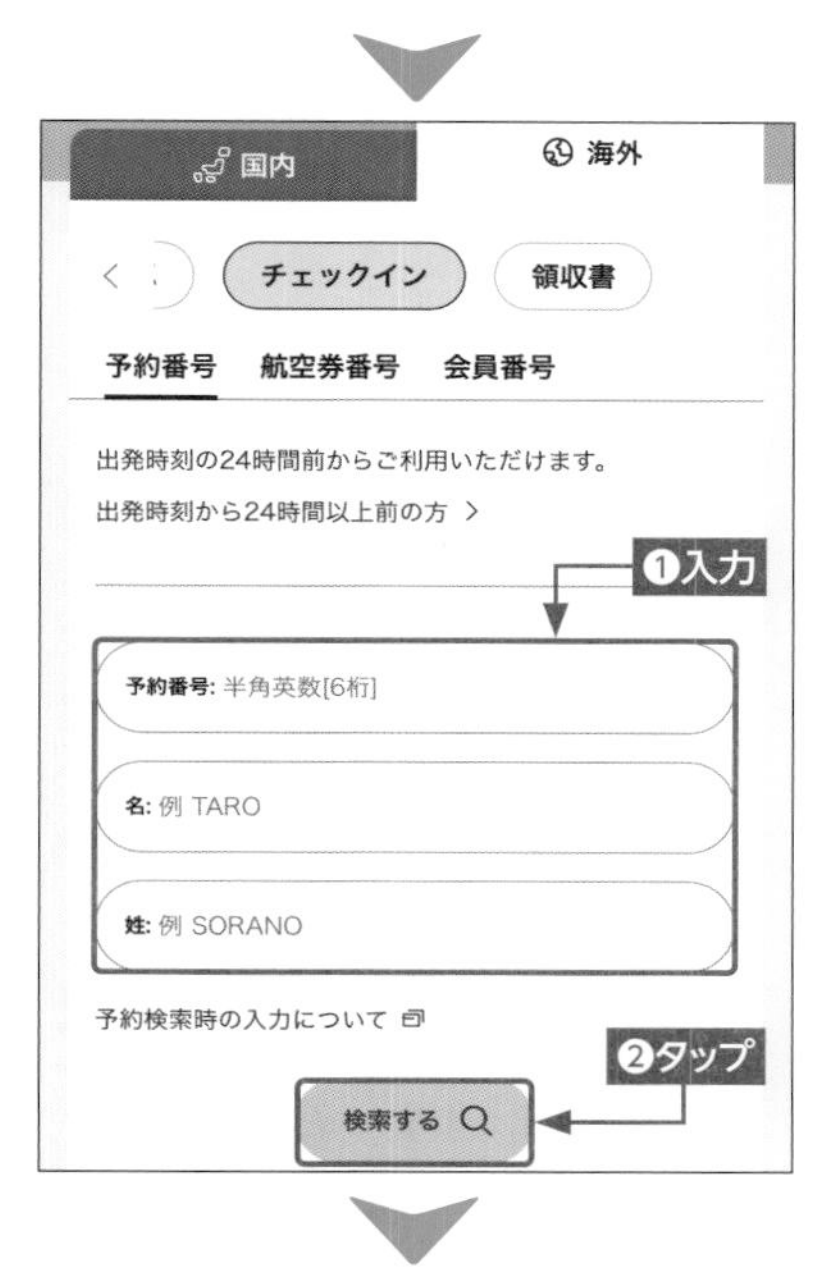

予約番号、名、姓を入力し、<検索する>をタップします。

以降は画面に従い、必要事項の入力や確認などを行います。

オンラインチェックインの手続き後、「チェックイン状況確認」画面で<Apple Walletに追加>をタップして「Apple Wallet」アプリに搭乗券を登録します。

オンラインチェックインをしよう！

オンラインチェックインに必要な情報

❶ 予約番号または航空券番号
❷ パスポート情報
❸ 米国入国情報（米国線に搭乗の場合）

ANAのWebサイト（https://www.ana.co.jp/）で<海外>→<チェックイン>の順にタップします。

「ANA」アプリの場合、「My Booking」タブの予約情報から<チェックイン開始>をタップすると、オンラインチェックインができます。搭乗券は「ANA」アプリに表示させることが可能です。

次に必要となるのは、搭乗券の発行です。「モバイル搭乗券」を利用すると自分が使っている端末に搭乗券を表示して、ペーパーレスでスムーズに飛行機に搭乗できます。iPhoneの場合は、Apple Walletアプリに搭乗券を登録できます。Androidスマートフォンでモバイル搭乗券を利用したいときは、メールアドレスを登録して、届いたメール内のモバイル搭乗券画像（またはURLからダウンロードしたモバイル搭乗券画像）を使用します。ただし、出発する空港によってはモバイル搭乗券が利用できない場合があります。事前に確認してプリンターで印刷しておくか、空港の自動チェックイン機や手荷物カウンターで搭乗券を受け取りましょう。

また、「ANA」アプリで航空券の予約購入をした場合は、アプリからオンラインチェックインができます。オンラインチェックインができるようになると通知が届くので、「My Booking」タブの予約情報から＜チェックイン開始＞をタップします。手続きが完了すると、搭乗券を「ANA」アプリに表示できます。

スマホを使ってチェックインしようLCC編

お得にスムーズに飛行機に乗れる！

JALやANAと比較して航空券が圧倒的に安いLCC。各社ともにサービスの質を年々進化させており、Webチェックインができるフライトも増えています。

P．074〜077で紹介しているJALやANAは「フルサービスキャリア」と呼ばれています。それに対し、サービスは簡素化されているものの、その分航空券が安いのがLCC（格安航空会社）です。現在、日本国内の空港を発着する国際線のLCCは、国内・国外の会社を合わせて20社以上もあります。海外のLCCでは、多くの航空会社でWebチェックインが導入されています。乗り換えや、渡航先の国内線でLCCを使う場合は、便利なWebチェックインを検討してみましょう。

ただし、特定の空港を発着する便ではWebチェックインに対応していない、Webチェックイン

LCCでもWebチェックインができる！

	Webチェックインができるフライト	URL
Peach	なし	https://www.flypeach.com/
ジェットスター	マニラ発以外のジェットスター・ジャパン（GK）、海口発とマニラ発を除くジェットスター・アジア航空（3K）、ホーチミン発およびアメリカ、韓国、中国の往復便を除くジェットスター航空（JQ） ※オーストラリアおよびニュージーランド国内線、ジェットスター航空（JQ）、シンガポールおよびインドネシアを出発する一部のジェットスター・アジア航空（3K）ではモバイル搭乗券の利用が可能	https://www.jetstar.com/jp/ja/home
SPRING JAPAN	なし	https://jp.ch.com/
ZIPAIR	すべての便（出発の24時間前の時点で自動的にチェックインとなるオートチェックインを導入） ※2023年6月現在新型コロナウイルスの影響による各国の出入国条件厳格化に伴い休止中	https://www.zipair.net/ja
エアアジア	すべての便（Webサイトまたは「airasia Superapp」アプリからのセルフチェックイン）	https://www.airasia.com/ja/jp
サウスウエスト航空	すべての便	https://www.southwest.com/
スクート	シンガポール・チャンギ国際空港（ジェッダ行きを除く）、スルタン･アズラン･シャー空港（イポー）、ペナン国際空港、クアンタン空港、コタキナバル国際空港、ランカウイ国際空港、クアラルンプール国際空港、ミリ空港、クチン国際空港、プーケット国際空港、ハートヤイ国際空港、スワンナプーム国際空港（バンコク）、クラビー空港、チェンマイ国際空港、タンソンニャット国際空港（ホーチミン）、ノイバイ国際空港（ハノイ）、シドニー国際空港、パース空港、メルボルン空港、ゴールドコースト空港、ティルチラーパッリ国際空港、ラジーヴ･ガンディー国際空港（ハイデラバード）、コーヤンブットゥール空港（コインバトール）、トリヴァンドラム国際空港（ティルヴァナンタプラム）、シュリー・グル･ラーム･ダース･ジー国際空港（アムリトサル）、ヴィシャーカパトナム空港、スカルノ・ハッタ国際空港（ジャカルタ）、ングラ・ライ国際空港（バリ島デンパサール）、ジュアンダ国際空港（スラバヤ）、ジョグジャカルタ国際空港、スルタン･ムハンマド･バダルディン2世国際空港（パレンバン）、アフマド・ヤニ国際空港（スマラン）、サム・ラトゥランギ国際空港（マナド）、香港国際空港、台湾桃園国際空港（台北）、高雄国際空港、成田国際空港、関西国際空港、仁川国際空港（ソウル）、ベルリン・ブランデンブルク国際空港、南京禄口国際空港、フランシスコ・バンゴイ国際空港（ダバオ）、アテネ国際空港から出発する便	https://www.flyscoot.com/jp

▲世界的に見ると、多くのLCCでWebチェックイン（オンラインチェックイン）の導入が進んでいます。Webチェックインが利用できない場合は、空港の自動チェックイン機やカウンターでチェックインします。

エアアジアでセルフチェックインをしよう！

パターン① Webからチェックインする

エアアジアのWebサイト（https://www.airasia.com/ja/jp）で＜Webチェックイン＞をタップします。

予約番号と姓／名を入力し、＜チェックイン開始＞をタップします。

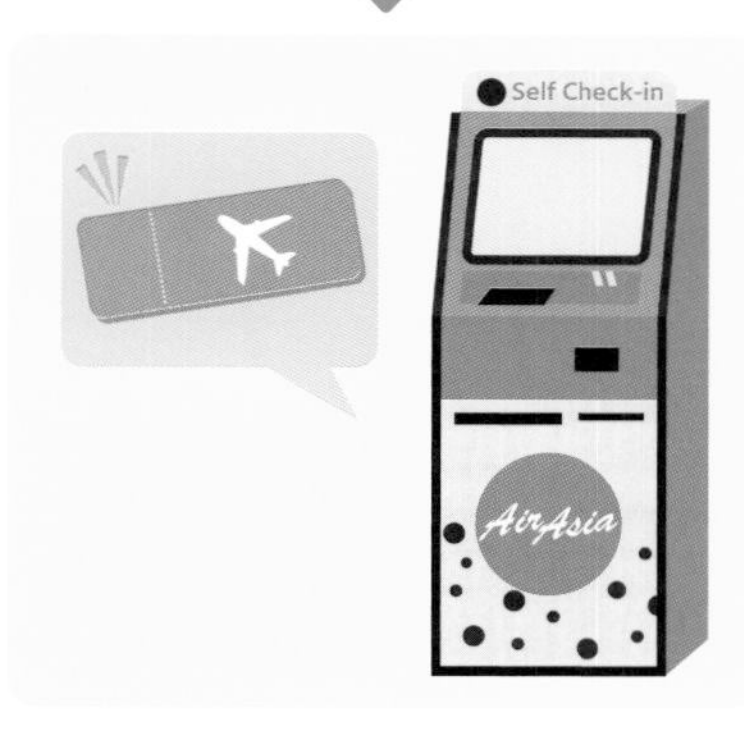

画面に従って必要事項の入力や確認などを進めてWebチェックインを完了します。搭乗券はプリンターで印刷するか、バーコードを発行して空港のセルフチェックインキオスクで印刷します。

パターン② アプリでモバイルチェックインする

airasia Superapp
提供：AirAsia Berhad
【iPhone】【Android】

「airasia Superapp」アプリでアカウントにログイン（もしくは登録）し、＜Webチェックイン＞をタップします。

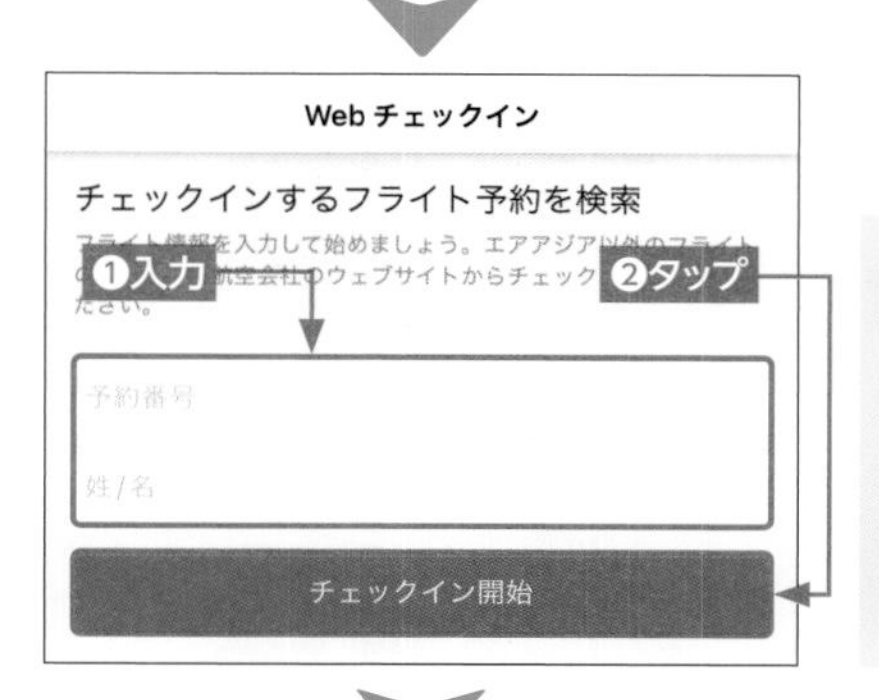

予約番号と姓／名を入力し、＜チェックイン開始＞をタップします。画面に従って必要事項の入力や確認などを進めてWebチェックインを完了しましょう。

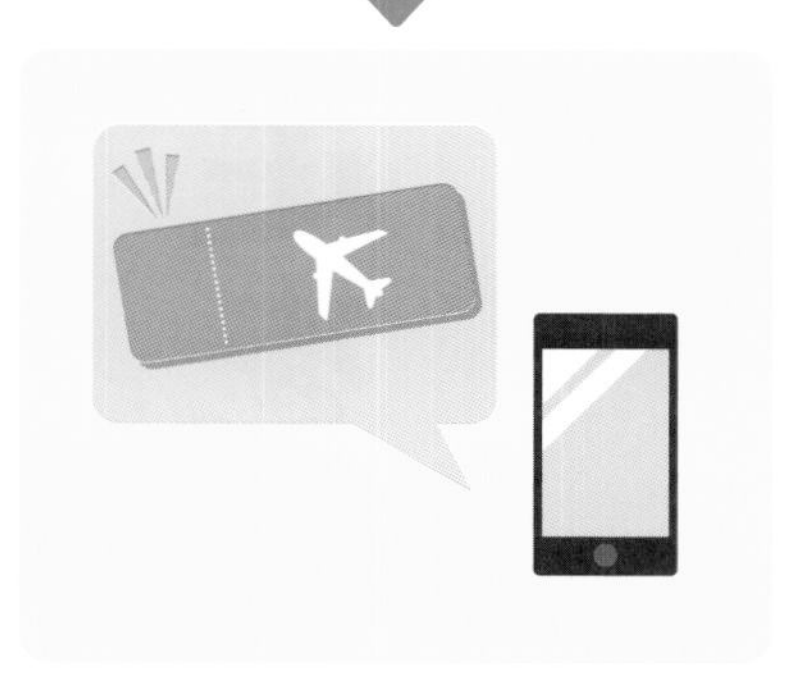

e-搭乗券が作成されます。e-搭乗券はiPhoneの「Apple Wallet」アプリに追加することもできます。また、e-搭乗券が使えない空港を利用する場合は、セルフチェックインキオスクで搭乗券を印刷します。

はできるがe‐搭乗券には対応していないなど、航空会社や空港によって対応はまちまちです。特殊な場合を除いてカウンターでのチェックインを実施していないLCCや、搭乗当日にカウンターでチェックインを行う際に手数料を必要とするLCCもあるので、必ず各航空会社のWebサイトで確認しておきましょう。

たとえば、エアアジアでは、ここで紹介する2通りの方法でWebチェックインが行えます。Webチェックインは、出発の14日前に開始され、出発の1時間前に終了します。ただし、オーストラリア、ラオス、ニュージーランド、サウジアラビア、シンガポール、タイの各国を発着する便の場合は、出発の10日前の開始です。Webサイトからチェックインすると、紙の搭乗券を印刷する必要があるので、「airasia Superapp」アプリのモバイルチェックインが便利です。しかし、e‐搭乗券は、日本、ベトナム、モルディブ、台湾、ハワイの空港では利用できないので注意しましょう。

スマホ海外旅行

飛行機の中でスマホを使っても大丈夫？

渡航前のスマホ設定を確認しよう

国際線フライトでは、搭乗時間が長時間となることが多いです。きちんと設定しておけば機内でもスマホが使えることが多いので、その方法をマスターしておきましょう。

スマホが発する微弱な電波が、飛行機や管制に影響を与え、運航に支障をおよぼす可能性があるとされ、かつては搭乗中に電源をオフにすることが義務付けられていました。ところが２０１４年に航空機内での電子機器の取り扱い規則が改訂されて以降、国際線であればスマホの設定を一切の通信を行わない「機内モード」にしておくことで、大半のフライトでスマホなどの電子機器の使用が可能となっています。機内アナウンスで機内モードへの変更を促されたら、機内モードをオンにしましょう。

スマホの中には、イヤホンジャックを搭載しておらず、Ｂｌｕｅｔｏｏｔｈでワイヤレスイヤ

渡航前に設定しておこう！

自宅 or 空港で

❶ アプリの自動更新をすべてオフにする

オンにしたままだと携帯電話会社の海外プランやレンタルしたWi-Fiルーター、現地のプリペイドSIMの容量を使い切ってしまうこともあります。

空港 or 機内で

❷ モバイルデータ通信をオフにする

携帯電話会社の海外プランや現地のプリペイドSIMを利用する場合はオンにしていても問題ないですが、飛行機の乗り継ぎで対象外の国や地域に立ち寄る可能性がある場合は要注意です。機内モードをオフにした際に海外の回線につながってしまうことがあります。モバイルデータ通信をオフにしてから機内モードをオンにすると安心です。

機内で

❸ 機内モードをオンにする

搭乗中は、スマホを含めた通信用の電波を発する電子機器の電源をオフにするか、機内モードを設定しましょう。

離陸から着陸まで、スマホが使えるのはいつ？

	搭乗	地上走行・離陸	飛行中	着陸	地上走行・降機
通信用の電波を発するモード	○	×	×	×	○
機内モード	○				

▲飛行機の搭乗が終わり、ドアが閉じたらスマホを機内モードにしましょう。目的地に到着し、携帯電話が使用できる旨のアナウンスがされたら、機内モードを解除できます。

機内モード設定方法

iPhone

画面の右上端を下方向へスワイプします。ホームボタンのある機種は画面の下端を上方向にスワイプします。

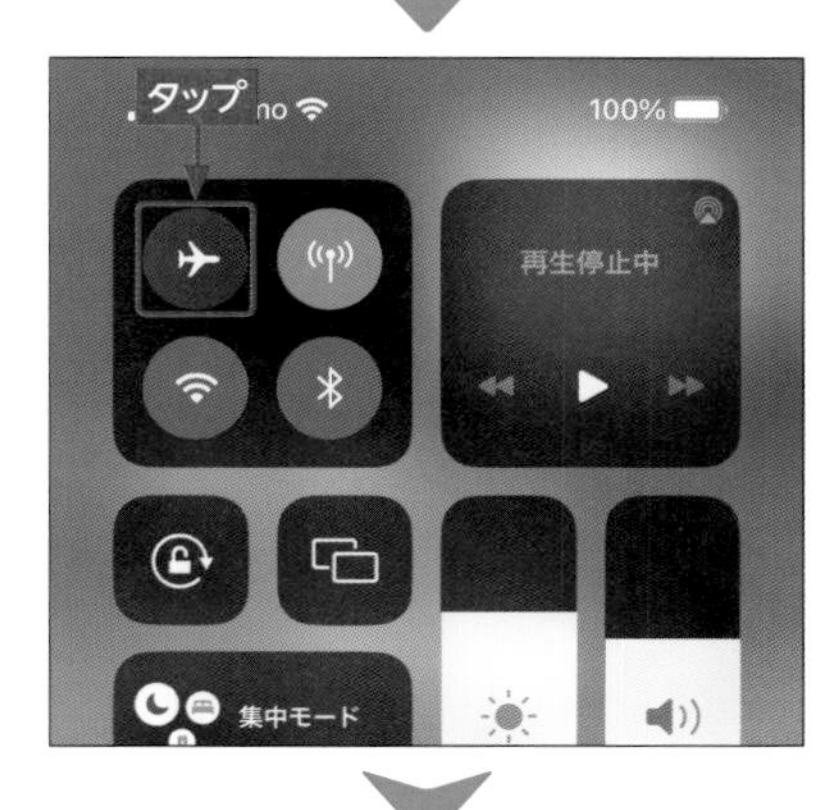

をタップします。

機内モードになり、機内モードのアイコン（ ）が表示されます。

Androidスマートフォン

画面の上端を下方向にスワイプします。

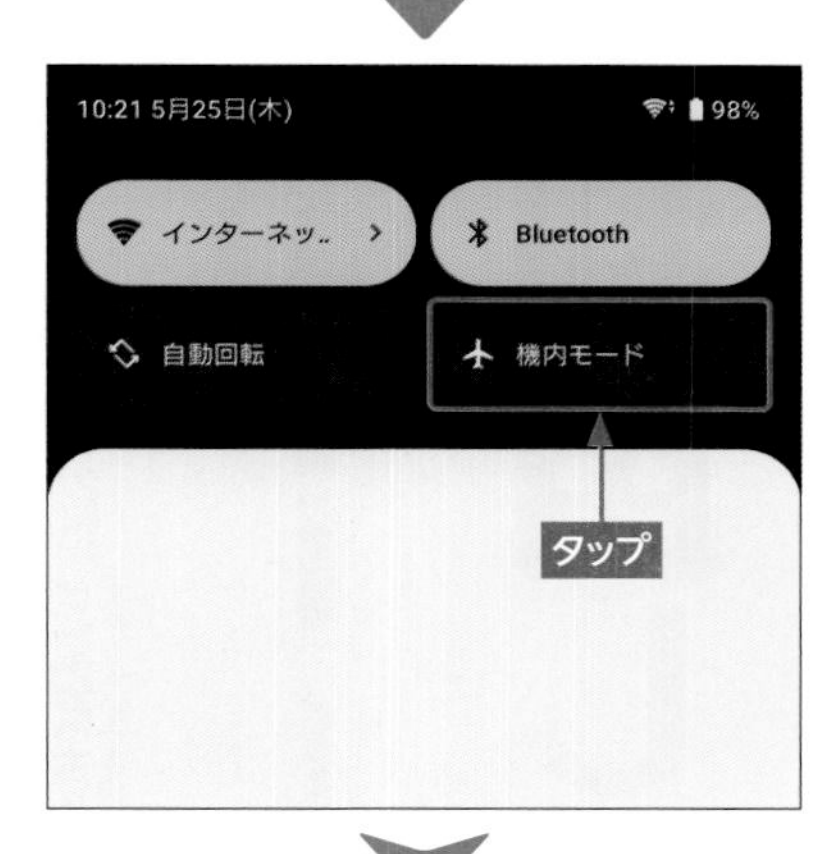

<機内モード>をタップします（機内モードがない場合は画面を下方向にスワイプして表示します）。

機内モードになり、機内モードのアイコン（ ）が表示されます。

ホンを利用する製品があります。また、最近では機内専用のWi-Fiアクセスサービスを提供している機体もあります（P.082〜083参照）。これらを利用する際は、機内モードにした後、Wi-FiやBluetoothを有効にします。なお、Wi-FiやBluetoothが利用できない場合もあるので、航空会社のWebサイトや客室乗務員に確認しましょう。

　着陸し、携帯電話が使用できる旨のアナウンスがされたら、機内モードを解除しても大丈夫です。旅行中に無料Wi-FiやレンタルしたWi-Fiルーターしか利用しないのであれば、モバイルデータ通信を利用しないので、帰国まで機内モードのままにしておくと、海外のネットワークに勝手に接続されてしまうトラブルを避けられます。事前に現地のプリペイドSIMカードを購入しているのであれば、航空機内で交換しておくと飛行機を降りたあとにすぐインターネットが使えて便利です。空港でSIMカードを購入する場合は、交換したあとで機内モードを解除するとよいでしょう。

機内でもWi-Fiでスマホを利用しよう

フライト中もインターネットに接続したい！

「機内Wi-Fi」サービスを提供するフライトが年々増えています。航空機内でスマホを使ってインターネットにアクセスすれば、長い搭乗時間が有効かつ快適なものになります。

機内でWi-Fiを利用するには？

機内モードをオンにします。

Wi-Fiをオンにし、SSIDを選択します。

ブラウザアプリを起動し、プランを選択します。

ログインします（初めて利用する場合は、アカウントを作成し、クレジットカード情報を登録します）。

購入し、接続が完了すると、利用プランに応じた残り時間が表示されます。

機内Wi-Fiを利用するための前提条件は、スマホの通信モードが「機内モード」に設定され、Wi-Fiが有効になっていることです（P.080〜081参照）。これを確認し、設定アプリの「Wi-Fi」画面でJAL便に搭乗している場合は、〈Japan Airlines〉、ANA便の場合は〈ANA-WiFi-Service〉というSSIDをタップすると、機内Wi-Fiに接続されます（搭乗する便によってはSSIDが異なることがあります）。いずれの場合も接続するWi-Fiは、機内で自動的に表示されます。

JALでは、搭乗する便が機内Wi-Fiサービス対象便である

JAL機内Wi-Fiサービス

利用プラン	利用時間	料金	JALカード料金
1時間プラン	1時間	$10.15	$9.15
3時間プラン	3時間	$14.40	$12.95
フライトプラン	24時間	$18.80	$16.80

▲JALの機内Wi-Fiサービスの料金はJALカードで支払うと割引になるほか、JALマイレージバンクの機内Wi-Fiサービス特典で2,000マイルと交換でフライトプランが利用できるプロモーションコードと交換可能です。また、ファーストクラスを利用している場合は、無料で使用できます。

ANA機内Wi-Fiサービス

	ANA WiFi Service	ANA WiFi Service 2
飛行機機体	B767-300ER（202席仕様） B777-300ERの一部	B787-10、B787-9、A320neo、A380 B787-8（240席仕様の一部・184席仕様） B777-300ERの一部
利用できる空域	公海上空および衛星使用認可国の上空	離着陸時を除くすべての空域
30分プラン	$4.95 - 15MB （一部の機体では$6.95 - 上限なし）	$6.95
1時間プラン	$8.95 - 30MB	×
3時間プラン	（一部の機体では$14.40 - 上限なし）	$16.95
フルフライトプラン	$19.95 - 100MB （一部の機体では$18.80 - 上限なし）	$21.95 （最大24時間）

▲ANAの機内Wi-Fiサービスは、搭乗する機体によって利用できるプランや料金が異なります。また、ファーストクラスを利用している場合は、フルフライトプランを無料で使用できます。利用できる時間帯は、離陸の約10分後〜着陸の約10分前までです。

かどうかを「国際線 空席照会・予約」で検索したときに表示されるWi-Fiマークの有無で確認できます。サービス内容は一律ですが、JALカード、JAL USA CARD、JAL・上海浦東発展銀行クレジットカードで利用料金を支払うと割引価格が適用されます。また、JALマイレージバンク会員であれば、国際線機内Wi-Fiプロモーションコード（フライトプラン）を2000マイルで交換したり、キャンペーンでJMBダイヤモンド、JGCプレミア会員限定のプロモーションコード（1回3時間×40回分）がもらえたりします。

　ANAでは、搭乗する便によって「ANA WiFi Service」と「ANA WiFi Service 2」の2種類のWi-Fiサービスが提供されています。どちらが提供されるかは、搭乗する便によって異なり、搭乗後に機内の壁面ステッカーで確認できます。利用できる空域とデータ通信容量の制限の有無が大きく異なっているため、利便性に差があることが特徴的です。

　なお、国際線のWi-Fi接続は有料です。

スマホ海外旅行

長いフライト時間を楽しく過ごしたい!

機内で映画やテレビ番組をスマホで楽しもう

動画配信サービスを利用すれば、いつでも好みの映画などが楽しめます。搭乗前にコンテンツをダウンロードしておけば、快適に視聴できます。

座席の前に備え付けられたスクリーンで、航空会社が提供する映画やテレビ番組などが楽しめる機体があります。ただし、LCCなどではこのスクリーンがないことも多く、また自分が好きな映画やテレビ番組を観たいという人もいるでしょう。飛行中にWi-Fiサービスを利用できる機体では、それを利用して機内で動画配信サービスを楽しむこともできます。ただし、機内のWi-Fiは、飛行ルートや気象条件によって通信が不安定になることがあります。動画を都度通信を行うストリーミングで視聴する場合、途中で止まってしまうなど、スムーズに再生できない可能性があります。また、そもそもWi-Fi

映画やテレビ番組をダウンロードしよう!

動画配信サービスのアプリを起動します。ここではAmazon Prime Videoでの手順を紹介しますが、ほかのサービスでもほぼ同様にダウンロード、再生することができます。

ダウンロードしたい作品をタップし、<ダウンロード>をタップします。

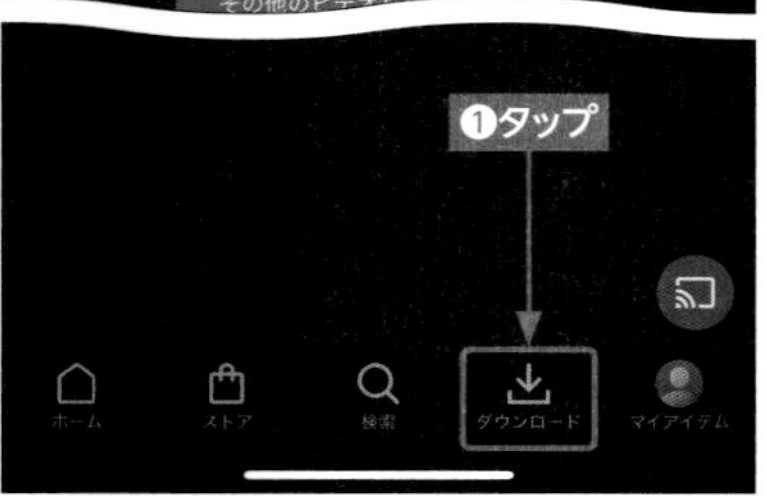

ダウンロードした作品は、<ダウンロード>→作品名の順にタップして再生します。

NETFLIX

世界が注目する動画配信サービス。オリジナル作品が充実している。世界各国のコンテンツが楽しめる。

- 料金（月額）
  ベーシック：990円（税別）
  スタンダード：1,490円（税別）
  プレミアム：1,980円（税別）
- 無料体験期間
  なし
- 配信方式
  見放題
- 日本語・英語字幕
  ○
- 画質
  ベーシック：スタンダード
  スタンダード・プレミアム：スタンダード、高画質
- ダウンロード可能台数
  ベーシック：1台
  スタンダード：2台
  プレミアム：6台
- ダウンロード上限
  1デバイスに100本
- ダウンロード視聴期限
  ダウンロード後48時間

映画	国内ドラマ	海外ドラマ	韓流ドラマ	アニメ	オリジナル	バラエティ	音楽・ライブ
○	△	○	△	○	◎	△	△

prime video

月額500円（年額4,900円）のお手頃さが魅力。Amazonプライムのほかの特典も追加料金なしで利用できる。

- 料金（月額）
  500円（税込）
  （学割プラン250円（税込））
- 無料体験期間
  30日間
  （学割プラン6ヶ月）
- 配信方式
  見放題と課金レンタル
- 日本語・英語字幕
  ×
- 画質
  標準画質、高画質、最高画質
- ダウンロード可能台数
  2台
- ダウンロード上限
  25本
- ダウンロード視聴期限
  ダウンロード後48時間

映画	国内ドラマ	海外ドラマ	韓流ドラマ	アニメ	オリジナル	バラエティ	音楽・ライブ
○	○	○	△	○	◎	◎	△

U-NEXT

27万本以上の見放題作品と最新レンタル作品が楽しめる。アニメの見放題作品数が圧倒的に多い。

- 料金（月額）
  2,189円（税込）※
- 無料体験期間
  31日間
- 配信方式
  見放題と課金レンタル
- 日本語・英語字幕
  ○
- 画質
  標準画質、高画質
- ダウンロード可能台数
  1台
- ダウンロード上限
  25本
- ダウンロード視聴期限
  ダウンロード後48時間

映画	国内ドラマ	海外ドラマ	韓流ドラマ	アニメ	オリジナル	バラエティ	音楽・ライブ
◎	◎	○	◎	◎	○	△	○

hulu

定額見放題のシンプル料金。映画、ドラマ、アニメなどをバランスよく配信。日テレ系の番組が充実している。

- 料金（月額）
  1,026円（税込）
- 無料体験期間
  14日間
- 配信方式
  見放題
- 日本語・英語字幕
  ○
- 画質
  標準画質、バランス、高画質
- ダウンロード可能台数
  2台
- ダウンロード上限
  25本
- ダウンロード視聴期限
  ダウンロード後30日、再生後48時間

映画	国内ドラマ	海外ドラマ	韓流ドラマ	アニメ	オリジナル	バラエティ	音楽・ライブ
○	◎	◎	△	○	○	◎	○

※　毎月1,200円相当のポイントがもらえるため実質989円

サービスを利用できない機体では、ストリーミング視聴は利用できません。

　主要な動画配信サービスのほとんどは、ダウンロード再生（オフライン再生）に対応しています。あらかじめ好みの映画やテレビ番組を搭乗前にダウンロードしておけば、通信環境に関わらず、機内で楽しむことができます。ただし、スマホで楽しむ場合は、各サービスの専用アプリが必要なこと、ダウンロード後○時間という視聴期限によって往路で途中まで見た映画が復路では見れない可能性があることに注意してください（更新すれば再視聴できます）。

　ここでは、主要な動画配信サービスとして、Amazon Prime Video、Hulu、Netflix、U-Nextを上の表で紹介しています。

　おのおののサービスによって、コンテンツが充実しているジャンル、画質、ダウンロード可能台数などに違いがあります。無料体験期間を設定しているサービスもあるので、この期間をうまく活用して旅行中に利用するのもひとつの方法です。

空港の無料Wi-Fiに接続！

海外主要空港のWi-Fi環境を確認しよう

海外でも主要空港では、無料Wi-Fiを利用できるところが数多くあります。空港のWi-Fi環境をあらかじめチェックしておけば、到着直後に現地情報の確認ができます。

台湾桃園国際空港

SSID Airport Free WiFi

台湾の空の玄関口となるのは、首都台北の西に位置する台湾桃園国際空港です。空港施設内には無料のWi-Fi環境を備えています。スマホでWi-Fiをオンにし、SSIDから＜Airport Free WiFi＞をタップするだけで接続完了です。IDやパスワードの入力の必要はありません。

北京首都国際空港

SSID AIRPORT-FREE-WIFI-NEW
（備考：パスポートの登録が必要）

中国の首都北京にある北京首都国際空港で無料Wi-Fiに接続するには、パスポートの登録が必要です。空港内のWi-Fiコード発券機で、パスポートをディスプレイ下の挿入口に入れると、アクセスコードが発行されます。アクセスできるサイトには制限があり、LINEやTwitter、Facebook、Googleサービスなどを利用することはできません。

香港国際空港

SSID
#HKAirport Free WiFi
#HKAirport Hi-Speed WiFi
#HKAirport Free WiFi (legacy)

香港国際空港では、「Wi-Fi」画面で＜#HK Airport Free WiFi＞もしくは＜#HKAirport Hi-Speed WiFi＞をタップするだけで、無料Wi-Fiが利用できます。接続しにくいときは、もう一方のSSIDを試してみましょう。

仁川国際空港

SSID　AirportWiFi (2.4G)

韓国の空の玄関口は、ソウルの西の仁川（インチョン）国際空港です。仁川国際空港でも施設内で、無料Wi-Fiを利用することができます。SSIDから＜AirportWiFi (2.4G)＞をタップするだけで、パスワード不要で接続できます。

シンガポール・チャンギ国際空港

SSID　#WiFi@Changi

シンガポール・チャンギ国際空港で無料Wi-Fiを利用する場合、以前はパスポートを登録してパスワードを発行する必要がありましたが、現在は手続き不要で接続できるようになりました。無料Wi-Fiの利用時間は3時間までです。

スワンナプーム国際空港

SSID　.@AirportTrueFreeWiFi
（備考：一例。登録が必要）

タイのバンコクのスワンナプーム国際空港では、いくつかの無料Wi-Fiサービスが利用できます。SSIDにもいくつかの種類があり、代表的なものは「.@AirportTrueFreeWiFi」などです。いずれも利用には、名前や電話番号、パスポート番号の登録が必要です。また、接続時間は2時間となっています。

フランクフルト国際空港

SSID　Airport-Frankfurt

ドイツのフランクフルト国際空港では、「Wi-Fi」画面でSSID＜Airport-Frankfurt＞をタップし、＜Free＞または＜Free+＞→＜Go online＞（ドイツ語で表示される場合は＜Online gehen＞）の順にタップすると、無料Wi-Fiに接続できます。空港内には300を超えるホットスポットが設置されています。

ジョン・F・ケネディ国際空港

SSID　_Free JFK WiFi

ダニエル・K・イノウエ国際空港

SSID　Boingo Hotspot

ニューヨークのジョン・F・ケネディ国際空港やハワイのダニエル・K・イノウエ国際空港では、無料Wi-Fiを選択すると短い動画広告のあとで無料Wi-Fiを利用できます。

パリ＝シャルル・ド・ゴール空港

SSID　WIFI-AIRPORT

フランスのパリ＝シャルル・ド・ゴール空港では、SSID＜WIFI-AIRPORT＞を選択して操作を開始します。ブラウザアプリを起動し、氏名などの個人情報を入力すれば無料Wi-Fiを利用できます。

フィウミチーノ空港

Wi-Fi名　Airport Free Wi-Fi

イタリアのローマのフィウミチーノ空港では、SSID＜Airport Free Wi-Fi＞を選択すると、ブラウザが起動し、自動的にウェルカムページにリダイレクトされます。とくに登録などの操作もなく、このまま無料Wi-Fiを利用可能です。

現地でスマホを使いまくろう!

現地編

現地でのスマホ利用は、料金発生や機能制限に注意が必要です。マップアプリや翻訳アプリなどは、渡航前に目的地の地図や言語をダウンロードしておきましょう。また、スマホ決済を利用すれば、財布を持たなくてもスマホひとつで買い物ができます。

日本から電話がかかってきたら？

通話料金は大丈夫？

海外に滞在していても、スマホで通話をすることは可能です。ただし日本にいるときとは違って、電話を受ける側にも通話料が発生してしまうので注意が必要です。

日本の番号を使用しているなら国際電話！

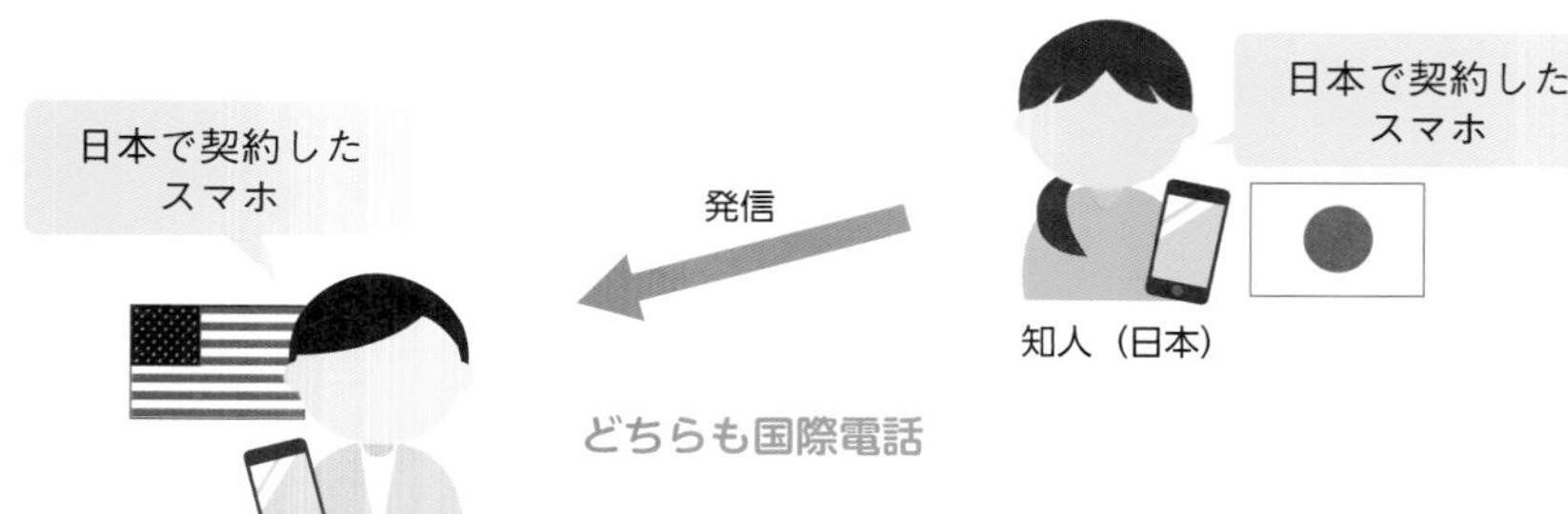

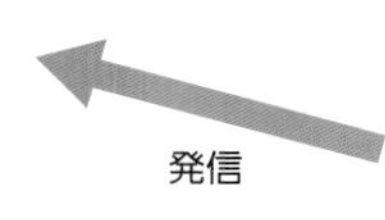

▲たとえ話したい相手が同じ国にいたとしても、発信、着信双方の電話番号が日本の携帯電話会社との契約で得られたものであれば、その通話は国際通話となります。

国際通話は着信側にも料金がかかる

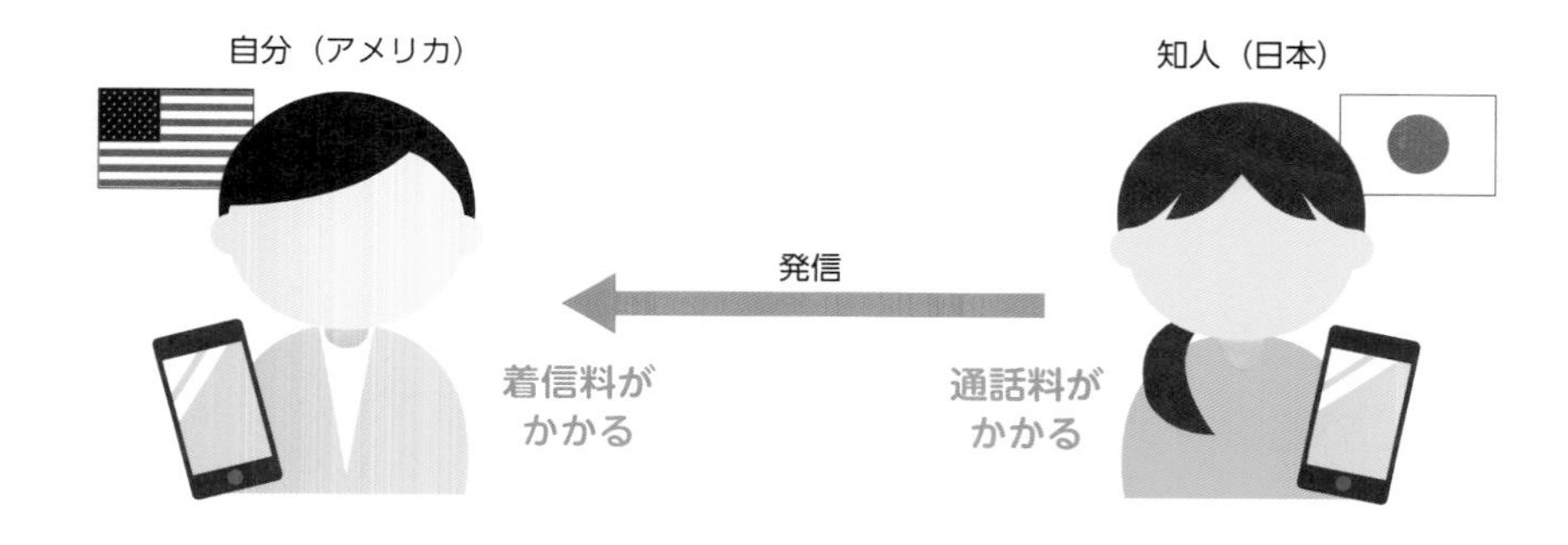

▲海外にいるときにかかってきた電話は日本から滞在先まで転送するため、着信側には着信料がかかります。

海外渡航中であっても、いつ誰から電話がかかってくるかわかりません。日本にいれば、電話を受ける側には料金がかからないため、着信があった際にはすぐに応答するでしょう。ところが、海外では、発信したほうだけでなく、着信したほうにも料金が発生してしまいます。

海外渡航中にスマホで通話をすると、「国際ローミング」を利用することになります。国際電話は、日本の携帯電話会社が海外でサービスを提供している携帯電話会社から回線を借りることによって、通話が可能となります。そのため、国内での通話と異なり、渡航国の携帯電話会社の通話料金と国際ローミング料金が追加で発生

通話とSMSは定額サービスとは別！

携帯電話会社と定額サービス		docomo eximo	au 使い放題MAX 5G／4G	SoftBank メリハリ無制限	Rakuten Mobile Rakuten最強プラン
通話	国内	30秒あたり22円 ※「かけ放題オプション」(月額1,980円)加入で無料、「5分通話無料オプション」(月額880円) 加入で5分間無料	30秒あたり22円 ※「通話定額2」(月額1,980円) 加入で無料、「通話定額ライト2」(月額880円) 加入で5分間無料	30秒あたり22円 ※「定額オプション+」(月額1,980円) 加入で無料、「準定額オプション+」(月額880円) 加入で5分間無料	無料 ※「Rakuten Link」アプリ利用
	海外	別料金	別料金 ※「au国際通話定額」(月額980円) 加入で日本から対象国への国際通話料が1回15分以内で月50回まで無料	別料金 ※アメリカから日本、アメリカからアメリカは無料	別料金 ※「Rakuten Link」アプリで海外から日本へかける場合は無料
SMS	国内	受信：無料 送信：3.3円〜	受信：無料 送信：3円〜	受信：無料 送信：3.3円	受信：無料　送信：無料 ※「Rakuten Link」アプリ利用
	海外	受信：無料 送信：50円〜	受信：無料 送信：100円〜	受信：無料 送信：100円 ※アメリカからは無料	受信：無料　送信：100円〜 ※相手も「Rakuten Link」アプリ利用の場合は無料

▲各携帯電話会社の定額サービスは基本的に海外でのやり取りには適用されません。

日本からの電話を受けるときはIP電話を活用しよう！

●IP電話とは？

「050」からはじまる電話番号の「IP電話」を利用すると、データ通信を使って通常の国際通話料金よりも断然お得に発信でき、日本の携帯電話番号への着信を転送機能を使って受けることも可能です（国内通話料金が適用されます）。さらに、データ通信専用の現地SIMを使っている場合でも電話の発着信が可能になるというメリットがあります。利用には、アプリのインストールと事前登録が必要なため、出国前に手続きをしておきましょう。

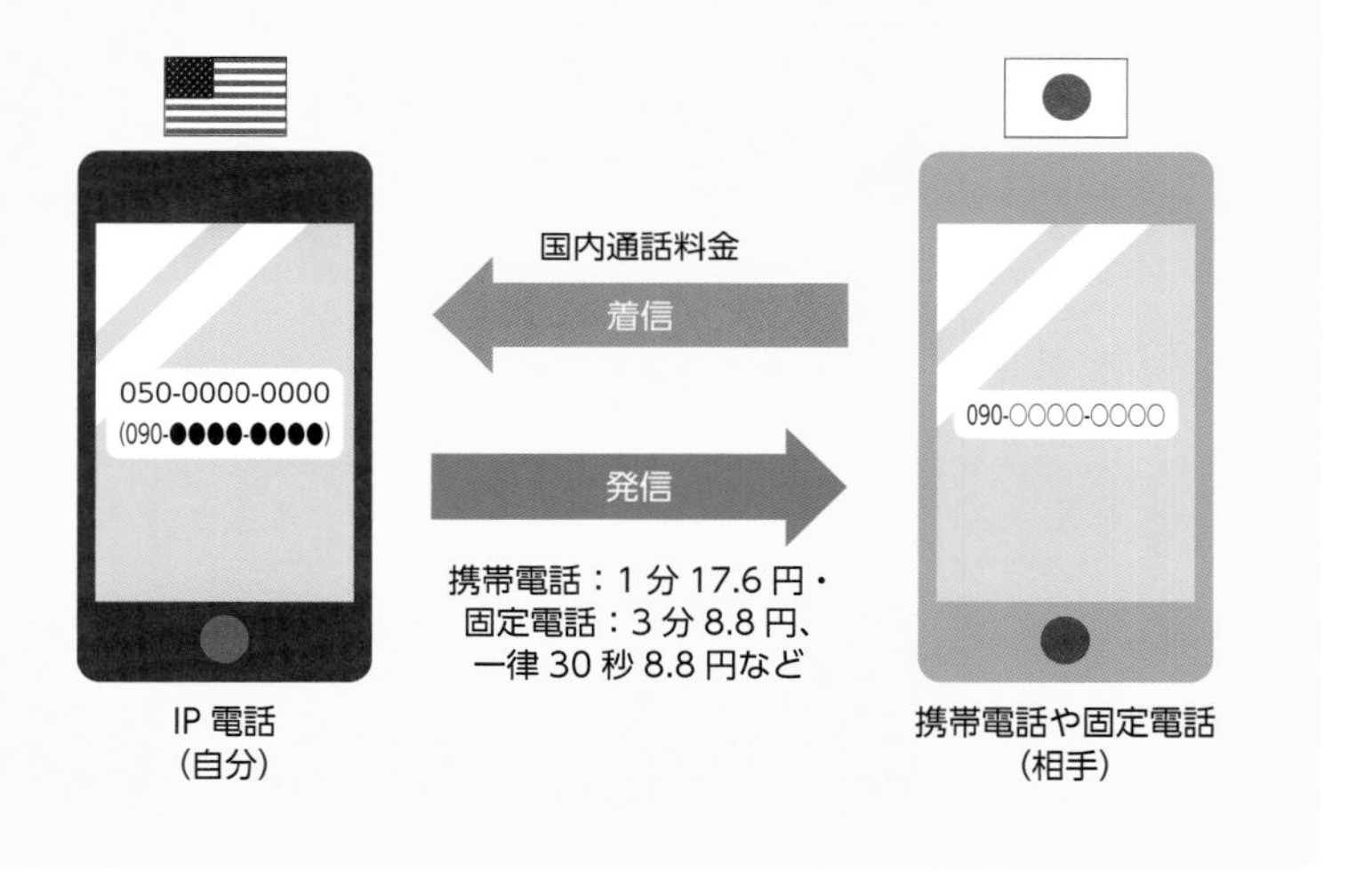

してしまうのです。

また、一緒に海外旅行をしている友だちと別行動をしたのちに、合流のために連絡を取りたいというときもあるでしょう。しかし、海外ではたとえ話したい相手が同じ国にいたとしても、日本の携帯電話会社で契約したスマホを使用している場合は、双方に国際通話料金が発生してしまいます。さらに、通話の定額オプションの契約をしている場合でも、通話やSMSを海外で利用した際は適用を受けることができません。家族割などの契約をしていたとしても、海外から家族に電話をすると国際通話料金が発生してしまいます。海外での滞在中は着信料や通話料がかかることを頭に入れておき、電話の使用は控えたほうがよいでしょう。

発着信が不要な場合は、電源を切ったり、機内モード（P.080〜081参照）を利用したりしたほうがよいケースもあります。また、通話の頻度が多い人であれば、IP電話やメッセンジャーアプリ（P.094〜095参照）を利用したり、事前によく連絡を取っている人へ海外に行くことを伝えたりしておきましょう。

スマホ海外旅行

渡航先から連絡を取りたい!

海外から電話をかけるには?

スマホで海外から電話をかける方法は、日本国内とは異なります。ここでは、海外から日本や別の国などへ発信する際に必要な操作手順を紹介します。

①海外から日本に電話する

「0」を長押し　最初の「0」を除いた相手の電話番号

+	-	8	1	-	X	X	-	X	X	X	X	-	X	X	X	X

日本の国番号

▲海外から日本にいる相手に電話をかける場合は、「+」のあとに日本の国番号の「81」を入力し、最初の「0」を除いた相手の電話番号を入力します。

②海外から同じ国に電話する

「0」を長押し　最初の「0」を除いた相手の電話番号

+	-	X	X	-	X	X	-	X	X	X	X	-	X	X	X	X

滞在国の国番号

▲日本の携帯電話会社と契約しているスマホで、海外から同じ国にいる相手に電話をかけるときは、相手が契約している携帯電話会社によって発信方法が異なります。相手の滞在国の一般電話や、滞在国の携帯電話会社のサービスを受ける相手にかける場合は、その国の国番号を入力する必要があります。一方、日本の携帯電話会社が発行した番号にかける場合は、同じ国にいる相手であっても①の方法で発信します。

③海外から別の国に電話する

「0」を長押し　最初の「0」を除いた相手の電話番号

+	-	X	X	-	X	X	-	X	X	X	X	-	X	X	X	X

相手の滞在国の国番号

▲日本の携帯電話会社と契約しているスマホで、海外から別の国にいる相手に電話をかける場合は、「+」のあとに相手の滞在国の国番号を入力し、最初の「0」を除いた相手の電話番号を入力します。

スマホで海外から電話をかける場合、日本にいるときと同じように電話番号を入力しても、正確に発信されません。

海外から電話をかける際には、まず「0」を長押しして「+」を入力し、次に「国番号」を入力します。国番号は各国に割り当てられており、日本の場合は「81」なので、海外から日本に発信する場合は「+」のあとに「81」を入力します。国番号のあとに相手の電話番号を入力しますが、国際通話の場合は、最初の「0」を省きます。したがって、日本で「080-1234-5678」の電話番号を使っている相手に海外からかける場合は、「+81-80-1234-5678」で発信します。

海外国際番号一覧

アジア	
インド	91
インドネシア	62
サウジアラビア	966
シンガポール	65
タイ	66
大韓民国	82
台湾	886
中華人民共和国 （香港・マカオを除く）	86
日本	81
ネパール	977
フィリピン	63
ベトナム	84
香港	852
マレーシア	60
モンゴル	976

アメリカ	
アメリカ合衆国 （アラスカ・ハワイを除く）	1
アラスカ	1
アルゼンチン	54
カナダ	1
キューバ	53
コロンビア	57
ジャマイカ	1
チリ	56
ドミニカ共和国	1
ブラジル	55
ペルー	51
メキシコ	52
香港	852
マレーシア	60
モンゴル	976

オセアニア	
オーストラリア	61
グアム	1
サイパン	1
ニューカレドニア	687
ニュージーランド	64
パプアニューギニア	675
ハワイ	1
フィジー	679

アフリカ	
エジプト	20
エチオピア	251
カメルーン	237
ケニア	254
コートジボワール	225
スーダン	249
中央アフリカ	236
チュニジア	216
南アフリカ	27
モロッコ	212

▲「国番号」とは、国をまたいで電話を使用する際に必要となる、各国に割り当てられた海外国際番号のことです。

スマホ海外旅行

海外でもLINEやMessengerで無料通話をしよう

インターネット環境があれば気軽に連絡できる！

LINEやMessengerなどのメッセンジャーアプリを利用すれば、海外でも無料で通話が可能です。インターネット環境があれば、一部の国を除いて世界中で利用できます。

海外にいるときにスマホで電話をすると、国内通話とは桁違いの料金が発生してしまいます。だからといって、海外での通話連絡をあきらめる必要はありません。「LINE」や「Messenger」などのメッセンジャーアプリは、インターネットに接続されていれば、海外でも無料通話機能を使えます。しかも、空港などで無料Wi-Fiを利用すれば、費用はまったく発生しません。ただし、無料Wi-Fiを利用して万が一ネットトラブルに遭ってしまったときに、通話内容や個人情報が漏えいしてしまう可能性はゼロではありません。心配な場合は、VPNアプリ（P.031参照）を利用しましょう。

メッセンジャーアプリどうしなら通話料無料

●LINE

「LINE」のユーザーどうしであれば、最大500人と同時に音声通話とビデオ通話ができます。

●Messenger

「Messenger」のユーザーどうしであれば、最大50人と同時に音声通話、最大6人と同時にビデオ通話ができます。

メッセンジャーアプリを海外で使うには？

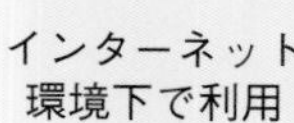

◀メッセンジャーアプリを利用するには、双方がインターネット回線が利用できる環境にいることが必要です。

●メッセンジャーアプリが制限されている国もある

渡航先によっては、外国製のアプリに制限が設けられている国や、アプリの音声通話機能に制限が設けられている国などがあります。そうした国ではメッセンジャーアプリそのものが使えなかったり（例：中国など）、通話機能が利用できなかったり（例：アラブ首長国連邦など）します。

Messengerで無料通話をしよう！

Messenger
提供：Meta Platforms, Inc.
【iPhone】【Android】

「Messenger」アプリで通話をしたい友達を選び、📞をタップします。

相手に発信されます。

通話を終了するときは●をタップします。

LINEで無料通話をしよう！

LINE
提供：LINE Corporation
【iPhone】【Android】

「LINE」アプリの友だちリストから通話をしたい友だちを選び、<音声通話>をタップします。

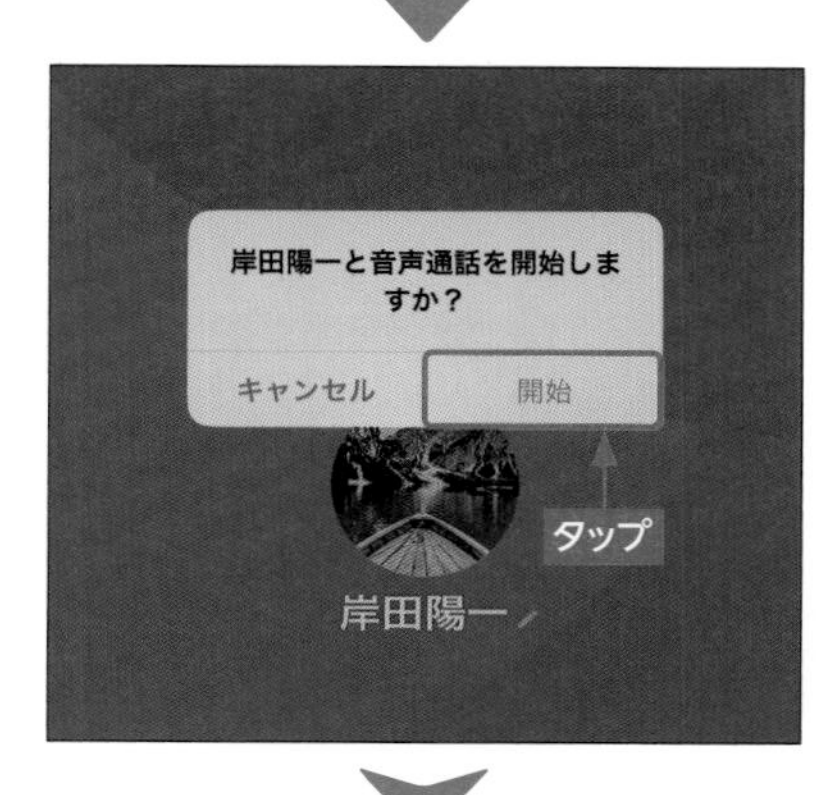

<開始>をタップすると、相手に発信されます。

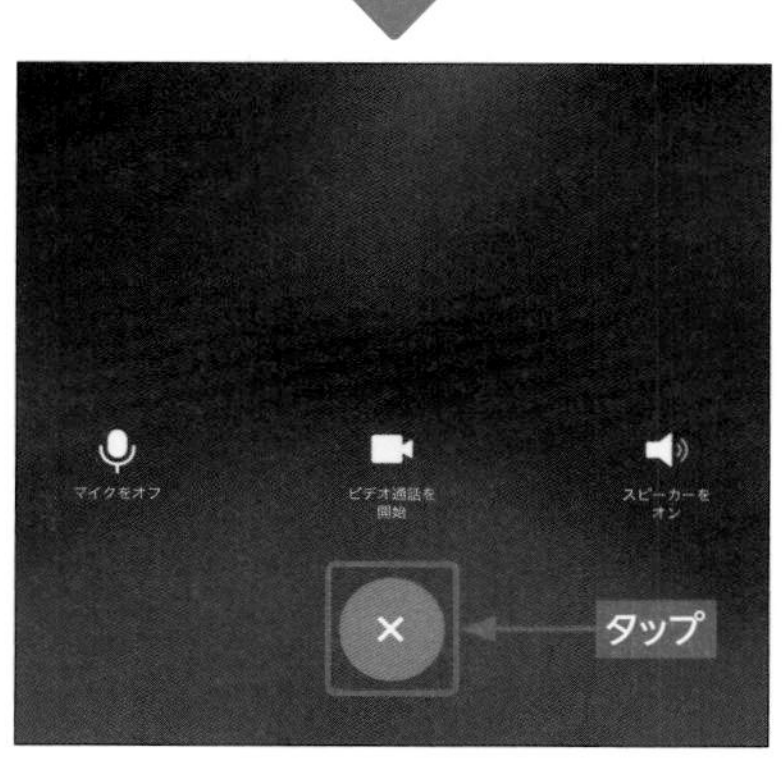

通話を終了するときは●をタップします。

LINEの利用者どうしなら、世界中から無料で音声通話をすることができます。また、相手が通話に出られないときに、留守番電話のようにボイスメッセージを残すこともできます。ボイスメッセージは、トークルームから送信できます。

Facebookと同じアカウントで利用できるメッセンジャーアプリ、MessengerもLINEと同様に、無料で通話をすることができます。相手が通話に出られなかったときに音声メッセージを残せる点もLINEと同様です。Messengerの場合は、友達とのスレッド画面から、最大1分間音声メッセージを残すことが可能です。

どちらのアプリも、アプリそのものや、通話機能に制限が設けられていてサービスを利用できない国があります。また、国の情勢や法改正など、さまざまな要因によって、外国製のアプリが急に利用できなくなることもあります。そのため、渡航する国や相手のいる国の情報を事前にチェックしておきましょう。

スマホ海外旅行

海外でもマップアプリで迷子にならない！

スマホを使ってスムーズに観光しよう

土地勘のない海外では情報不足によって迷子になったり、乗り換えで不安になったりすることも多いでしょう。そんなときは、地域に特化したマップアプリを活用しましょう。

土地勘のない場所では、マップアプリを重宝します。中でも「Googleマップ」は、海外でもユーザー数が多く、世界中の地図情報を広くカバーしているので、大抵の国で、日本と同じように利用できます。しかし、一部の国では、地図情報が詳しくないせいで路地が表示されなかったり、施設の情報が表示されなかったり、そもそもGoogleマップが利用できなかったりすることもあります。

Googleマップが利用できない国や使いにくい国では、その国の情報に特化したマップアプリを利用してみましょう。各国でさまざまなマップアプリや乗り換えアプリが開発・提供されています。

バスや電車の乗り換え時間も調べられる

マップアプリでできること

❶オフラインでの地図の表示
❷現在地から目的地までの経路検索、ナビ
❸周辺スポットの検索
❹電車やバスの乗り換え検索
❺最新の交通情報の確認
❻お気に入りスポットの保存

など

海外でも使えるGoogleマップ

● おすすめポイント

①世界でももっとも利用されているマップアプリ
②場所の保存、ラベル付けなどが可能
③施設の営業時間や口コミをチェックできる

● 注意するポイント

①場所によっては機能を制限される場合がある
②利用できない国や地域がある

Googleマップ
主な地域：全世界
提供：Google LLC
【iPhone】
【Android】

Googleマップ以外の便利なマップアプリ

MAPS.ME

主な地域：全世界

提供：MAPS.ME (CYPRUS) LIMITED
【iPhone】【Android】

● おすすめポイント

①世界中で1億4千万人以上が利用

②オフラインでの使用が可能

③地図上の情報がほかのアプリよりも細かい

● 注意するポイント

①スマホのバッテリー消費が早くなる

マップ

主な地域：全世界

提供：Apple
【iPhone】

● おすすめポイント

①iPhoneのデフォルトアプリ

②Apple Payと連携できる

③一部の地域で地形や建物を3Dで確認できる

● 注意するポイント

①情報が少ないスポットもある

NAVER Map

主な地域：韓国

提供：NAVER Corp.
【iPhone】【Android】

● おすすめポイント

①Googleマップが網羅できていない韓国で利用できる

②日本語表記で利用可能

③気になるお店を保存できる

● 注意するポイント

①日本語表記では検索できない名称のスポットもある

百度地图

主な地域：中国

提供：Beijing Baidu Netcom Science & Technology Co.,Ltd (Baidu Map)
【iPhone】【Android】

● おすすめポイント

①Googleマップが使えない中国で利用できる

②オフラインでの使用が可能

③中国の施設やスポットの情報が豊富

● 注意するポイント

①日本語版や英語版が提供されていない

Citymapper

主な地域：ヨーロッパ
(ロンドン、パリ、ミラノ、ローマなど)

提供：Citymapper Limited
【iPhone】【Android】

● おすすめポイント

①オフラインでも使用できる乗り換えアプリ

②最適な車両や出口の番号が表示される

③雨除けルートを検索できる

● 注意するポイント

①使用できる地域が限られている

TripView Lite

主な地域：オーストラリア
(シドニー、メルボルン)

提供：TripView Pty Ltd
【iPhone】【Android】

● おすすめポイント

①シドニーとメルボルンの交通網に特化した乗り換えアプリ

②リアルタイムの交通情報が反映される

③オフラインでの使用が可能

● 注意するポイント

①検索情報を保存できるのは有料版のみ

スマホ海外旅行

シチュエーションに合わせた翻訳方法を活用

言葉がわからなくても大丈夫！翻訳アプリを使いこなそう

海外では当然、日本語はほとんど通じません。しかし、コミュニケーションが必要な場面で翻訳アプリを使いこなせば、言葉がわからなくてもスムーズな意志疎通が可能です。

言葉の理解や現地の人とのコミュニケーションが難しい海外では、翻訳アプリが心強い味方となります。その中でも「Google翻訳」は、130以上の言語を翻訳することができ、オフラインにも対応しています。インターネットが利用できない場所でGoogle翻訳を使いたいときは、事前に言語ファイルをダウンロードしておきましょう。

Google翻訳には、さまざまな翻訳機能が備わっています。テキスト入力や音声入力による翻訳はもちろん、スマホのカメラを向けるだけで翻訳内容が表示されるカメラ入力翻訳、日本語と外国語を同時に音声で通訳してくれる会話翻訳などがあるので、シチュ

Google翻訳を使いこなす

Google翻訳
提供：Google LLC
【iPhone】【Android】

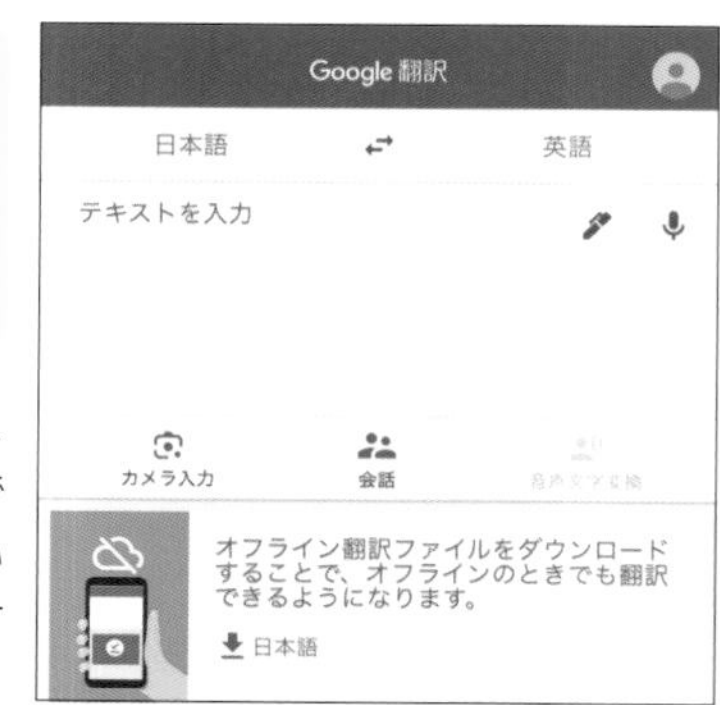

▶テキスト入力や音声入力による翻訳、カメラ撮影による翻訳など、多種多様な方法で130以上の言語の翻訳をサポートしています。言語データをダウンロードしておけば、オフラインでも翻訳ができます。

●テキスト入力で翻訳

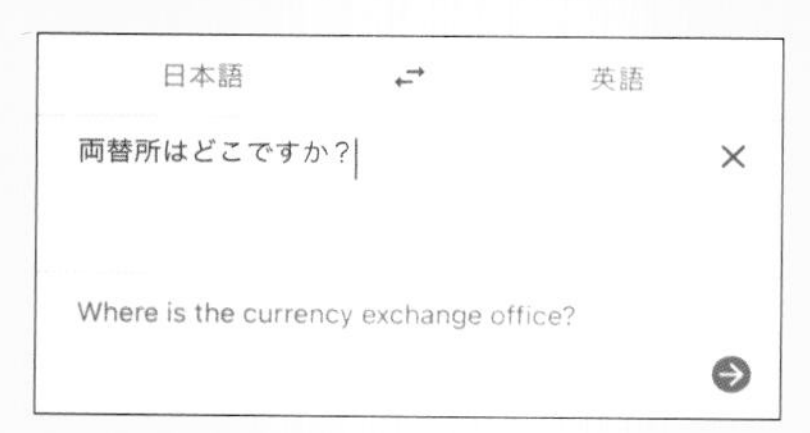

文章を入力すると、設定した言語に翻訳されます。また、翻訳文の読み上げも可能です。

●カメラ入力で翻訳

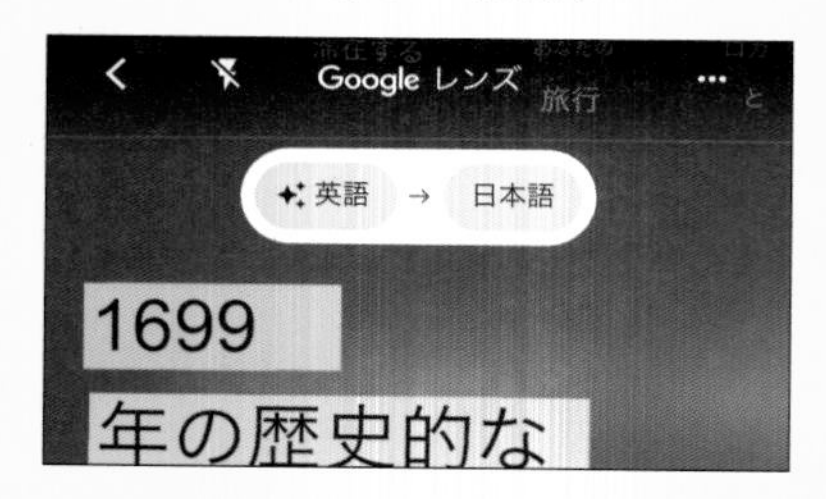

カメラを対象物に向けて即時翻訳したり、写真のテキストを読み込んで翻訳したりできます。

●会話を翻訳

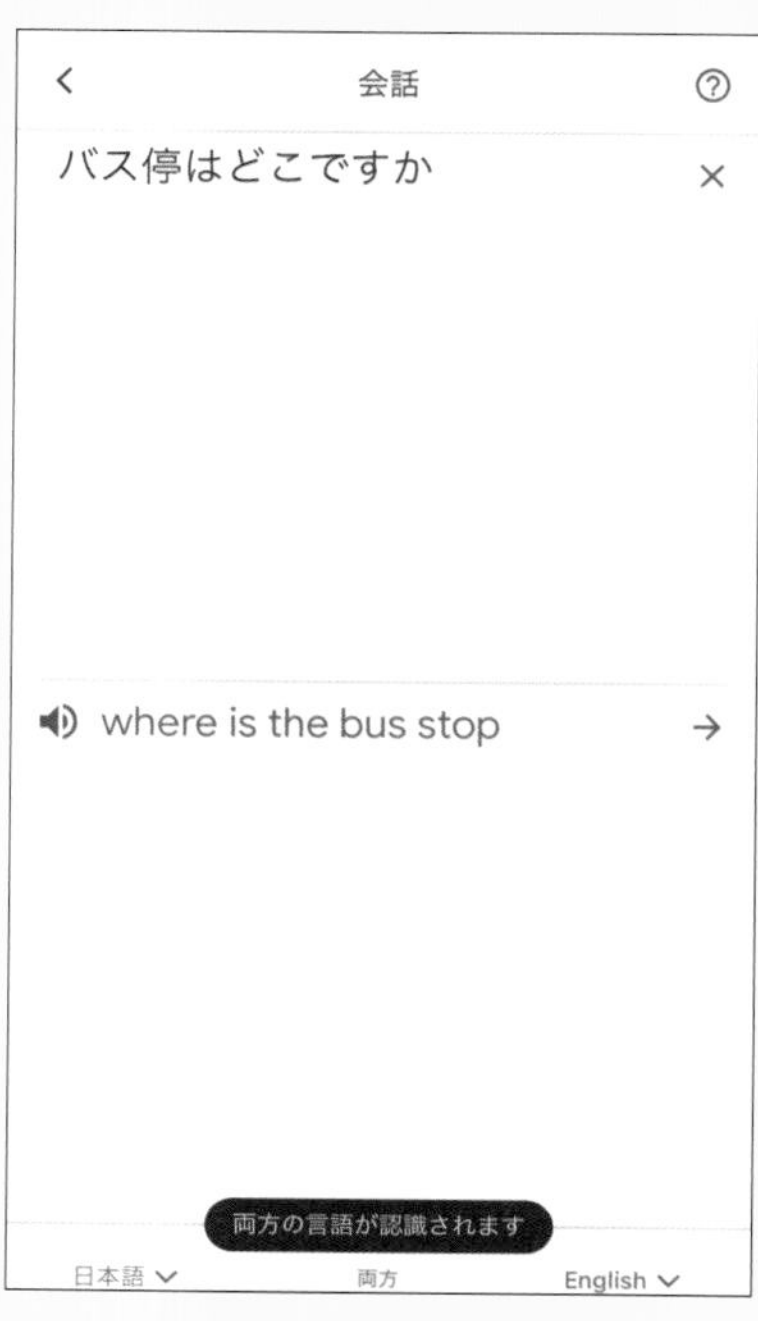

現地の人にマイクに向かって話しかけてもらい、任意の言語に翻訳することができます。

DeepL翻訳を使いこなす

DeepL翻訳
提供：DeepL GmbH (DeepL SE)
【iPhone】【Android】

DeeplLの対応言語は30程度ですが、ニュアンスを捉えた自然な翻訳が可能です。また、カメラ入力（）やPDFなどのファイル翻訳（）、画像内のテキスト翻訳（）、音声入力（）もできます。

文字を入力すると、設定した言語に翻訳されます。

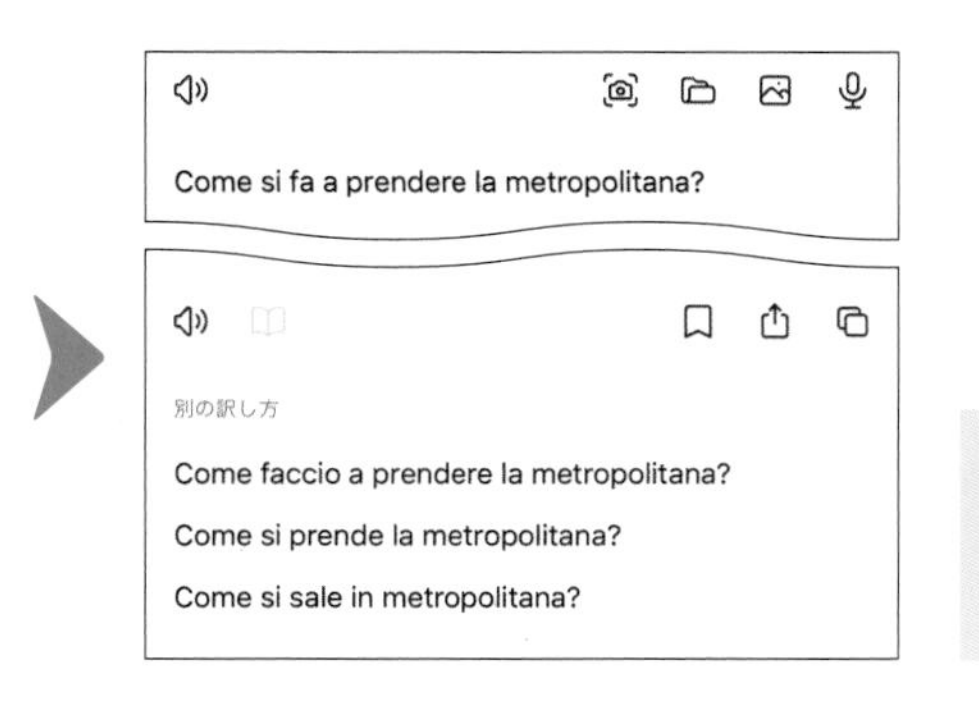

翻訳文をタップすると、別の訳し方も表示することができます。

LINEの文字認識機能を使いこなす

LINE
提供：LINE Corporation　【iPhone】【Android】

LINEの文字認識機能では、7種類の言語を読み取って、英語、韓国語、中国語、日本語に翻訳できます。

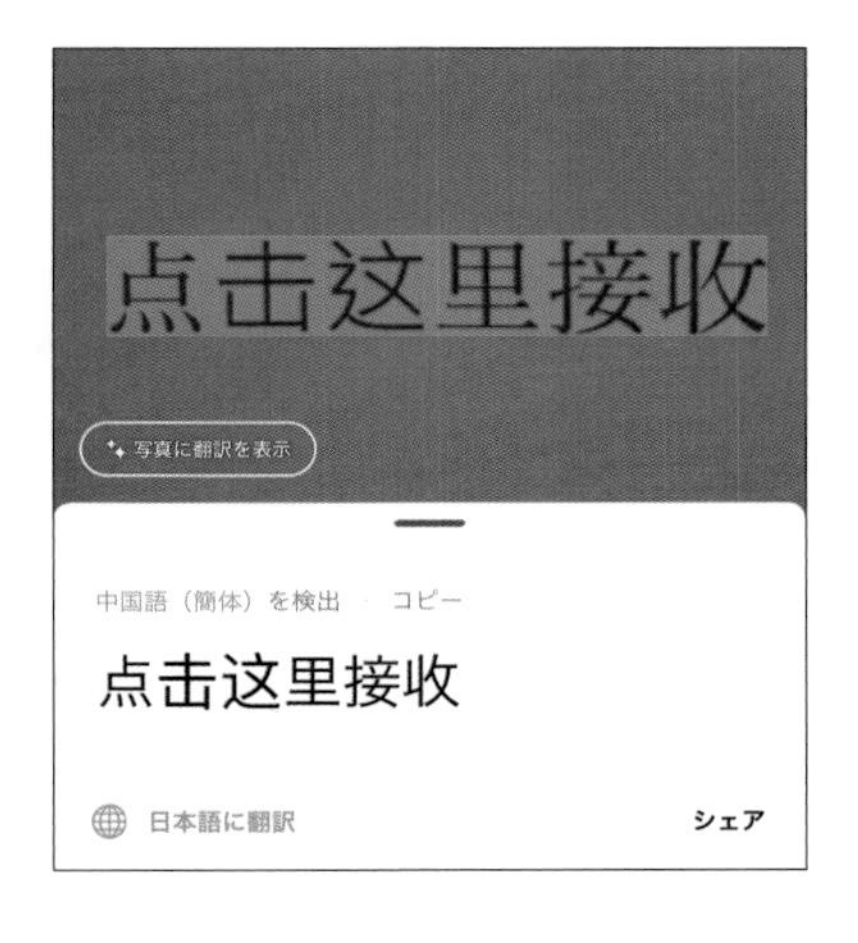

「LINE」アプリのホーム画面でをタップしてQRコードスキャン画面を表示し、＜文字認識＞をタップして対象物を撮影すると、テキストが文字データ化されます。

＜写真に翻訳を表示＞をタップすると、写真上に翻訳したテキストが表示されます。

点击这里接收
日本語に翻訳　コピー
ここをクリックして受信

＜日本語に翻訳＞をタップすると、読み取ったテキストを日本語に翻訳できます。

エーションに合わせて使い分けてみましょう。

現地の人と自然な会話を楽しみたいときは、「DeepL」もおすすめです。翻訳アプリによって作られた翻訳文は、少し不自然な言い回しになることがありますが、DeepLの場合は、導入されているAIが言葉のニュアンスを汲み取って、自然な翻訳文を作ってくれます。翻訳文をタップすると、別の訳し方も確認することができ、TPOに合った言い回しができます。

また、日本人の生活に定着している「LINE」でも、カメラを利用した文字認識機能を活用できます。たとえば、ガイドブックの観光スポット名を撮って文字データにしてコピーし、マップアプリの目的地欄に貼り付ければ、キーボードで外国語入力ができなくても、あっという間に現在地から目的地へのルートを表示させることができます。さらに、読み取った文字データをその場で翻訳することもできるので、翻訳した文字をコピーして友だちにメールやメッセージ、トークで送るという使い方も可能です。

かんたん・安全にタクシーが手配できる！

タクシーアプリを利用しよう

海外ではタクシーを利用する頻度が高くなりがちですが、タクシーをつかまえることは容易ではありません。タクシーアプリを活用して、スムーズに移動しましょう。

海海外に行くと、慣れない公共交通機関を利用したり、道に迷ったりする前にタクシーを利用したくなるものです。しかし、タクシーを利用するには、ドライバーとのコミュニケーションに不安があるうえに、乗り場の行列に並んだり、走行中の車を呼び止めたりしなくてはならず、おっくうに感じてしまいます。近年、日本でもタクシーアプリを利用した配車がよく使われるようになっていますが、海外においてもタクシーアプリの活用が広まっています。各国でメジャーなタクシーアプリは異なるため、渡航先に合ったアプリを利用しましょう。とくに、サービス提供エリアが世界中にある「Uber」が一押しです。

行先も精算もかんたんタクシーアプリ

❶目的地を設定
↓
❷車の種類を指定
↓
❸乗車場所を設定

ほとんどのタクシーアプリはクレジットカードで事前決済するので、ぼったくりの心配もありません。

ドライバーと車種を確認して乗車しましょう。

タクシーアプリはUberが一押し

● おすすめポイント

①世界70ヶ国以上、1万を超える都市で利用できる
②アプリが日本語に対応している
③乗車前にドライバーの情報が確認できる

● 注意するポイント

①場所によっては乗車を断られる場所がある
②利用できない国や地域がある

Uber
主な地域：アメリカ合衆国
提供：Uber Technologies, Inc.
【iPhone】
【Android】

国によってはUberより便利なタクシーアプリ

카카오 T（カカオタクシー）

主な地域：韓国

提供：Kakao Mobility Corp.
【iPhone】【Android】

● おすすめポイント

①日本の携帯電話番号で登録できる

②韓国全土で使える

● 注意するポイント

①入力は韓国語（ハングル）か英語のみ

②アプリ内決済に日本発行のクレジットカードを登録できない

Grab

主な地域：東南アジア
（シンガポール、マレーシアなど）

提供：Grab.com（Grab Holdings）
【iPhone】【Android】

● おすすめポイント

①時間指定ができる

②クーポンやキャンペーンがある

③クレジットカードならチップがいらない

● 注意するポイント

①キャンセル料が発生することがある

Stroll Intl.

主な地域：グアム

提供：Stroll Guam Inc.（Stroll Guam）
【iPhone】【Android】

● おすすめポイント

①時間指定ができる

②クレジットカード決済でチップがいらない

● 注意するポイント

①タクシー到着時に電話がかかってくるので電話が使えるスマホが必要

FREE NOW

主な地域：ヨーロッパ

提供：Intelligent Apps GmbH
【iPhone】【Android】

● おすすめポイント

①降車時に運賃とチップをアプリ内決済で支払える

②事前予約ができる

③空港などを登録できる

● 注意するポイント

①利用中は常にインターネット環境が必要

DiDi

主な地域：中国

提供：Beijing XiaoJu Technology Co., Ltd.（DiDi）
【iPhone】【Android】

● おすすめポイント

①チャットに常套句が登録されており、ドライバーとの合流がしやすい

● 注意するポイント

①中国版アプリをインストールする必要がある

Careem

主な地域：中東
（アラブ首長国連邦、トルコなど）

提供：Careem
【iPhone】【Android】

● おすすめポイント

①事前予約ができる

②チャイルドシート搭載車をオーダーできる

● 注意するポイント

①地域によっては一般のタクシーよりも割高になることがある

Uberを使ってみよう

言葉の壁なしでタクシー移動！

タクシーアプリの中では「Uber」がもっともグローバルです。事前にアプリをダウンロードしておけば、配車依頼を送信するだけですぐにタクシーを呼ぶことができます。

現在、世界各国でさまざまなタクシーアプリがサービス展開されています。利用できるエリアが限られているものが多い中、世界70ヶ国以上、1万を超える都市で利用できる「Uber」は最強のタクシーアプリといえるでしょう。渡航国やエリアによってアプリを使い分けるにしても、Uberは定番アプリとして常時スマホに入れておきたいものです。

Uberの利用方法は、まずアプリを「App Store」または「Playストア」からインストールし、自分のアカウントを作成しておきます。アカウントの作成には氏名や電話番号のほか、乗車料金を支払うためのクレジットカード番号の登録が必要になり

Uberにアカウントを登録しよう！

Uberに登録する情報

- 電話番号とメールアドレス
- パスワード
- 氏名
- クレジットカード

「Uber」アプリをインストールして起動したら、位置情報の使用を許可し、<始める>をタップします。携帯電話番号を入力し、<続行>をタップして届いたSMSに記載された4桁のコードを入力したら、<次へ>をタップします。

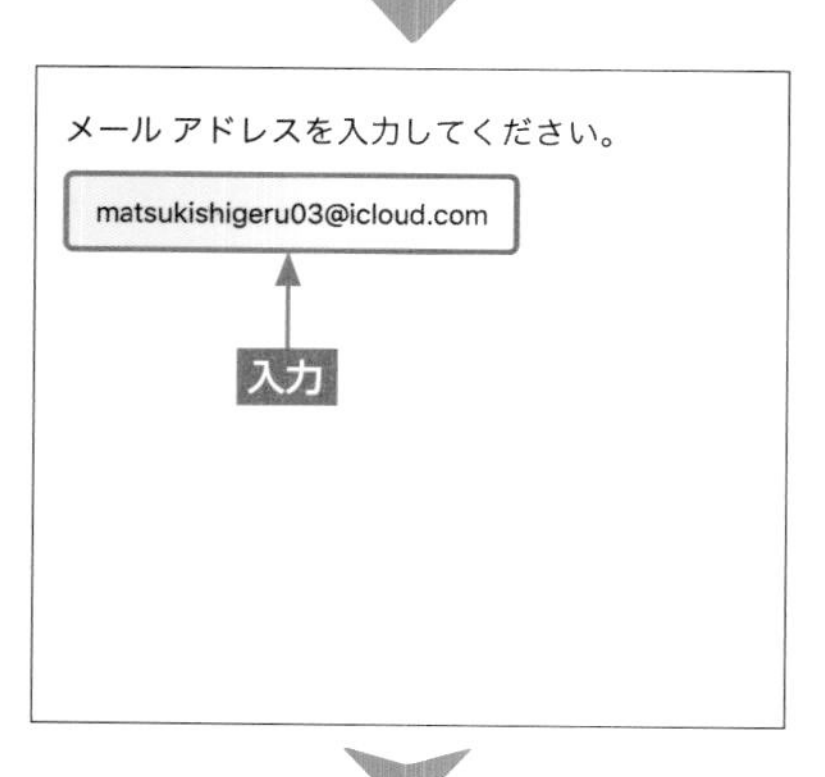

続けてメールアドレスを入力し、<次へ>をタップします。

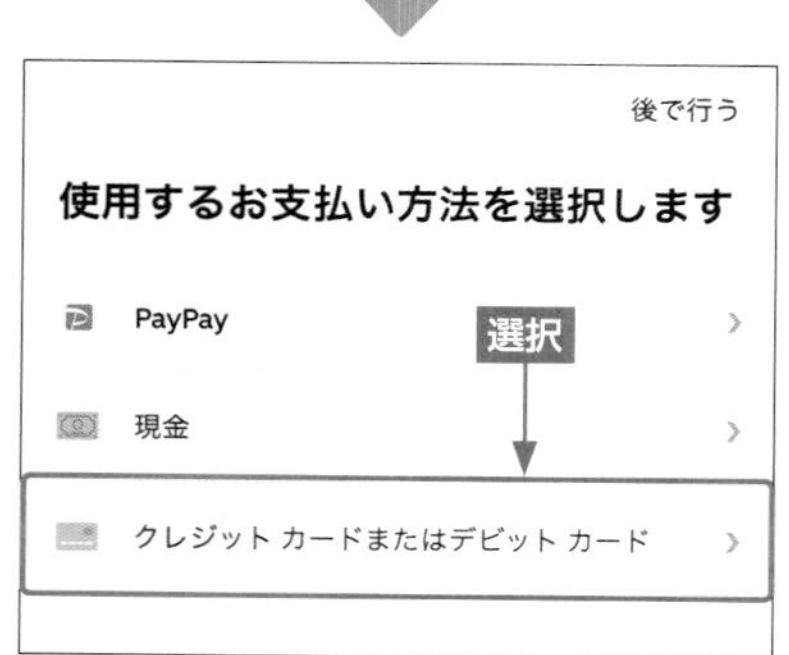

氏名を入力して<次へ>をタップし、利用規約に同意して<次へ>をタップしたら、支払い方法に<クレジットカードまたはデビットカード>を選択してクレジットカード情報を入力します。通知の許可などを設定したら登録完了です。

配車から降車までの流れ

「Uber」アプリのホーム画面で＜配車を依頼＞をタップし、行き先を設定します。お迎えの場所を現在地以外にしたい場合は、タップすると別の場所を指定できます。

配車可能な車の種類、料金の目安、降車予定時刻が表示されます。車種によって料金が異なるので注意しましょう。

画面下部では支払い方法を確認することができます。基本的には事前に登録したクレジットカードでの支払いが選択されていますが、タップすると、現金支払いを選択することも可能です。

サービスと支払い方法を選択したら、＜○○（車種）を選択＞をタップします。乗車場所にピンを立てて、＜乗車場所を確定＞をタップしましょう。

配車の手配が開始されると、ドライバーの情報、車の現在地、到着予定時刻などを確認できます。車が到着すると、スマホに通知が届きます。到着した車の車種やドライバー、ナンバープレートをアプリで確認し、車に乗ります。

乗車額はクレジットカードから引き落とされるため、目的地に到着したらそのまま降車します。降車後は、アプリからドライバーを評価しましょう。

ます。

海外でタクシーを利用する際、言葉が通じるのか、料金は適正なのか、どのようなドライバーが来るのかなど、不安に感じることもあるでしょう。

Ｕｂｅｒではアプリ自体が日本語に対応しているうえに、行き先を設定して配車を依頼するため、現地の言葉がわからなくてもスムーズに乗車できます。また、料金はアカウントに登録したクレジットカードで決済されるため、ドライバーとの金銭のやり取りも不要です。金額に不満があれば、アプリからクレームを入れて適正金額に修正できるため、不当な請求をされることはありません。

さらに、配車依頼後にドライバーとのマッチングが行われると、ドライバーの写真や名前などの情報に加え、ドライバーの過去の評価点数を確認できます。点数が低い場合にはマッチング後5分以内であれば無料でキャンセルすることが可能なため、信頼のおけるドライバーを選択できることは不安の多い海外でも安心です。Ｕｂｅｒを利用すれば、トラブルなく現地での行動範囲を広げることができるでしょう。

これですれ違い回避!

位置情報を待ち合わせに活用しよう

お互いの自由を尊重するのが大人の旅。それぞれ散策したあとで、一緒にお茶を…となったら、自分が今いる場所や待ち合わせのカフェの場所を同行者と共有しましょう。

位置情報をオンにしよう!

●iPhone

▲「設定」アプリを表示し、＜プライバシーとセキュリティ＞→＜位置情報サービス＞の順にタップして、「位置情報サービス」をオンにします。「探す」アプリで自分の位置を共有する場合は、＜位置情報を共有＞→＜iPhoneを探す＞の順にタップして、「iPhoneを探す」をオンにします。

●Androidスマートフォン

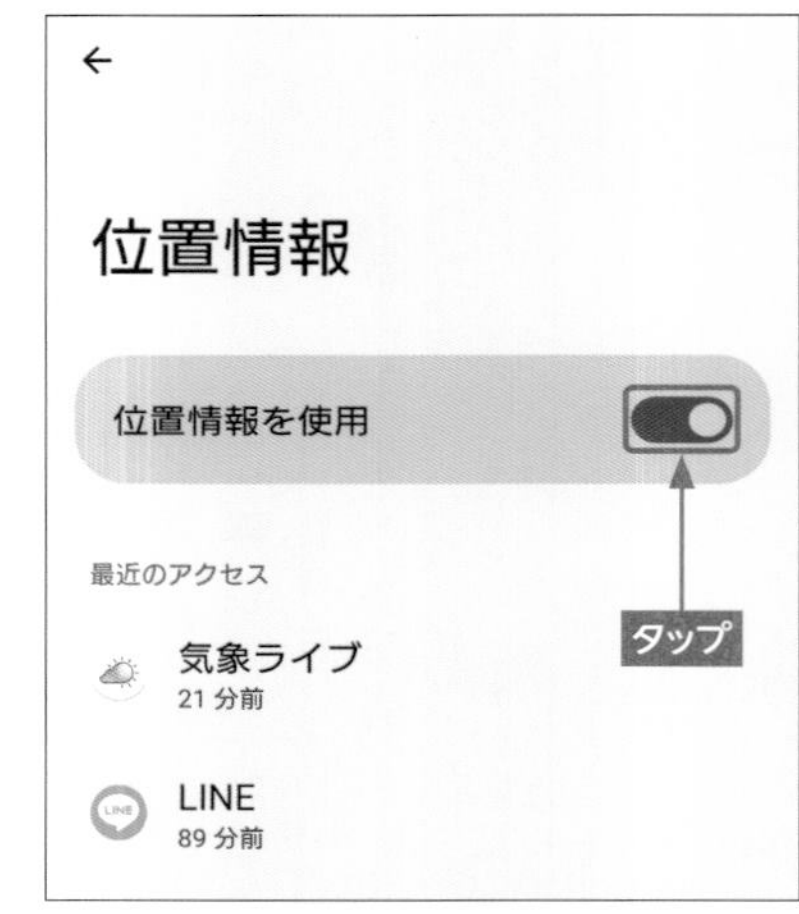

▲「設定」アプリを表示し、＜位置情報＞をタップして、「位置情報を使用」をオンにします。また、Androidではステータスバーを下方向にスライドして表示される画面でも、位置情報のオン／オフの切り替えが可能です。

土地勘のない旅先で、頼りになるのが「位置情報」です。今現在自分がいる場所はもちろん、現在地から目的地までの経路をマップアプリが教えてくれるのも、スマホに組み込まれた位置情報の機能を利用しているからです。位置情報が教えてくれるのは、現在地や特定の住所だけではありません。家族や友だちどうしで、お互いの場所を共有することもできます。

位置情報を共有する方法は、大きく分けて2つあります。1つは、今いる場所の情報を「LINE」や「Messenger」で送信する方法です。たとえば、旅先で同行者と別行動したのちに合流したいとなったとき、初めての土地で自分が今どこにいるのかを

現在の場所を共有しよう！

「Googleマップ」アプリを起動し、画面右上のユーザーアイコンをタップして、<現在地の共有>をタップします。ログインしていない場合は、Googleアカウントでログインします。

<現在地を共有>をタップし、現在地を共有したい相手をタップしたら、<共有>をタップします。候補に見つからない場合は、<もっと見る>をタップし、相手を選択します。あらかじめ、同行者のGoogleアカウントのメールアドレスなどをスマホに登録しておきましょう。

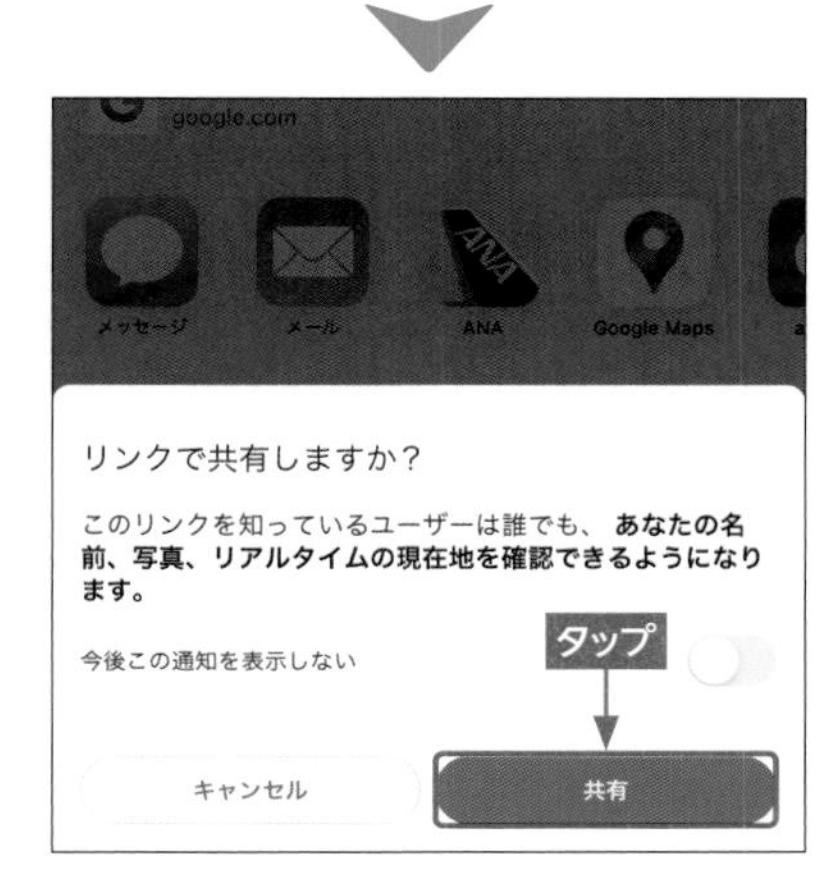

<その他のオプション>→<共有>の順にタップすると、メッセージやメールなどそのほかのアプリを通じて、現在地をリンクで共有することも可能です。

位置情報を送信しよう！

「Googleマップ」アプリを起動し、目的の場所または現在地のピンをタップします。

場所の情報が表示されたら、<共有>をタップします。

メッセージやメールなど、共有方法をタップして場所の情報を送信します。

電話やメッセージで伝えるのは難しいものです。そこで、現在地や待ち合わせ場所の情報を視覚的に同行者のスマホに送るのです。

もう1つは、同行者と自分の位置情報をお互いに共有する方法です。「Googleマップ」の「現在地の共有」などでこの機能が利用できます。位置情報を共有すると、お互いの現在の居場所が地図上に表示されるので、待ち合わせもスムーズにできます。「Googleマップ」の「現在地の共有」を利用するには、それぞれのGoogleアカウントで「Googleマップ」へのログインが必要です。居場所を共有する相手と、事前にお互いのGoogleアカウントを確認しておきましょう。

いずれの場合も、スマホの位置情報をオンに設定することが前提です。また、位置情報を取得する精度を上げるために、接続の有無に関わらずWi-Fiもオンにすることが推奨されます。そのため、バッテリーの消費が早くなる可能性があるので、充電をしっかりしたうえで、モバイルバッテリーを持参すると安心です。

海外でスマホを紛失したら？

不測の事態に備えよう

海外ではスマホの紛失は避けたいものですが、万が一の備えは大切です。渡航先でスマホを失くしてしまっても対処できるように、出発前に確認しておきたい設定を紹介します。

スマホの紛失は、大きな損失です。海外旅行中であれば、心的ダメージはより大きなものになるでしょう。海外でスマホの紛失や盗難に遭ってしまうと、残念ながら手元に戻ってくる可能性はほとんどありません。しかし、スマホに記録された大切なデータを守る方法はいくつか残されています。

まずは、データのバックアップから始めましょう。iPhoneでは「iCloud」、Androidスマートフォンでは「Googleドライブ」を使って、クラウド上にバックアップを作成します。このバックアップがあれば、新しいスマホにこれまでのデータをまるごと復元することが可能です。旅行前だけでなく、日

スマホのデータをバックアップしよう！

●iPhone

●Androidスマートフォン

▲iPhoneはiCloudに、AndroidスマートフォンはGoogleドライブにデータをこまめにバックアップしておきましょう。万が一スマホを紛失してしまったときでも、新しいスマホにデータを復元させることができます。

スマホを探す機能を利用しよう！

●iPhone

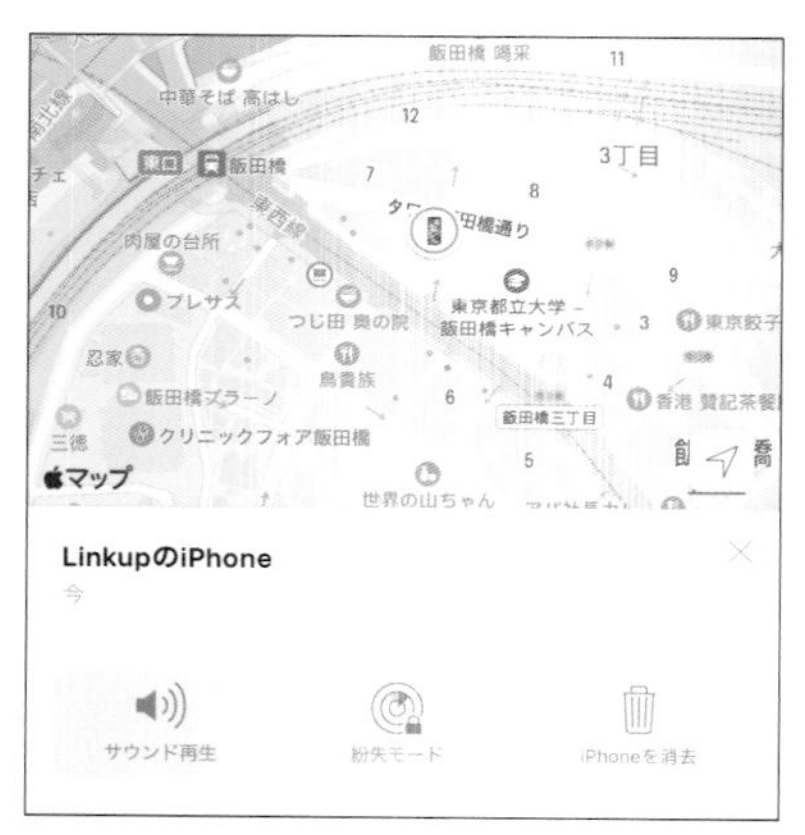

●Androidスマートフォン

▲iPhoneの「探す」／Androidスマートフォンの「デバイスを探す」機能では、地図上にスマホの位置を表示させることができます。スマホで音を鳴らしたり、データを削除したりすることも可能です。

Androidスマートフォンで「デバイスを探す」をオンにしよう！

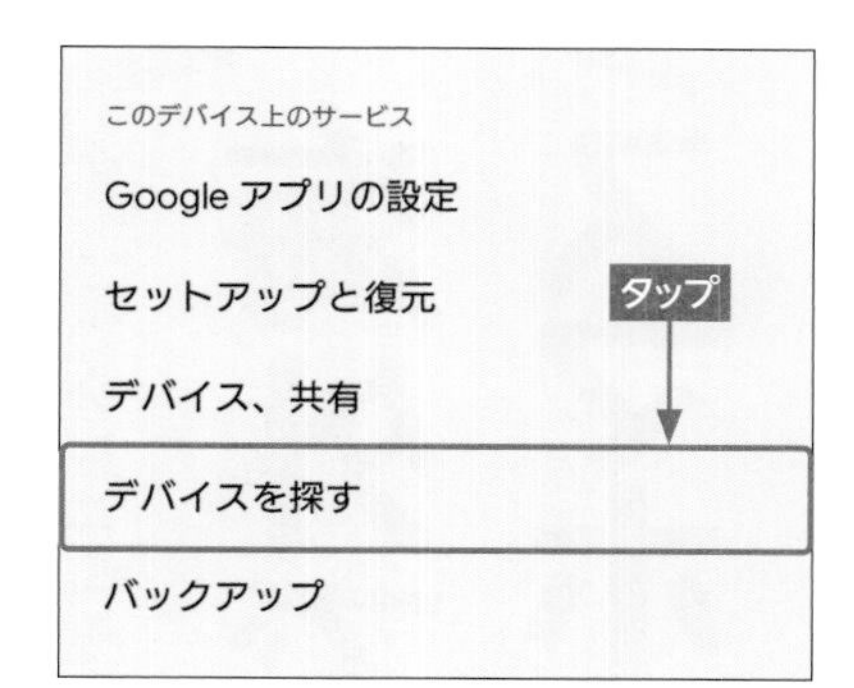

「設定」アプリを表示して、<Google>→<デバイスを探す>の順にタップします。

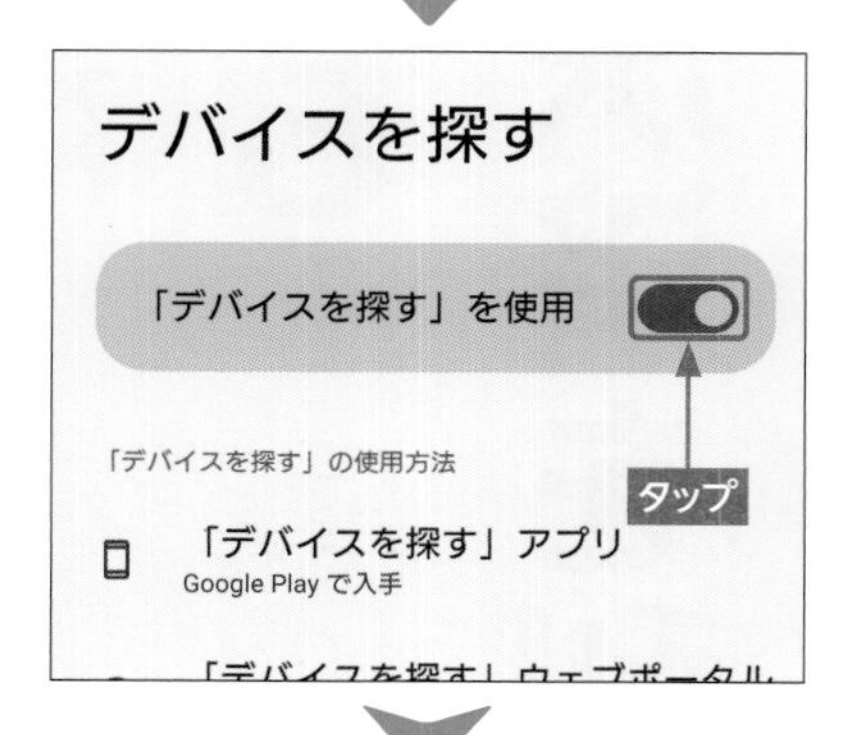

「デバイスを探す」がオンになっていることを確認します。オフになっている場合はオンに切り替えます。P.104の方法で位置情報をオンにしておきます。

Androidスマートフォンを紛失してしまった際は、別のスマホやパソコンから「https://android.com/find」にアクセスし、紛失した端末と同じGoogleアカウントでログインして、端末の位置情報などを確認します。

iPhoneで「探す」をオンにしよう！

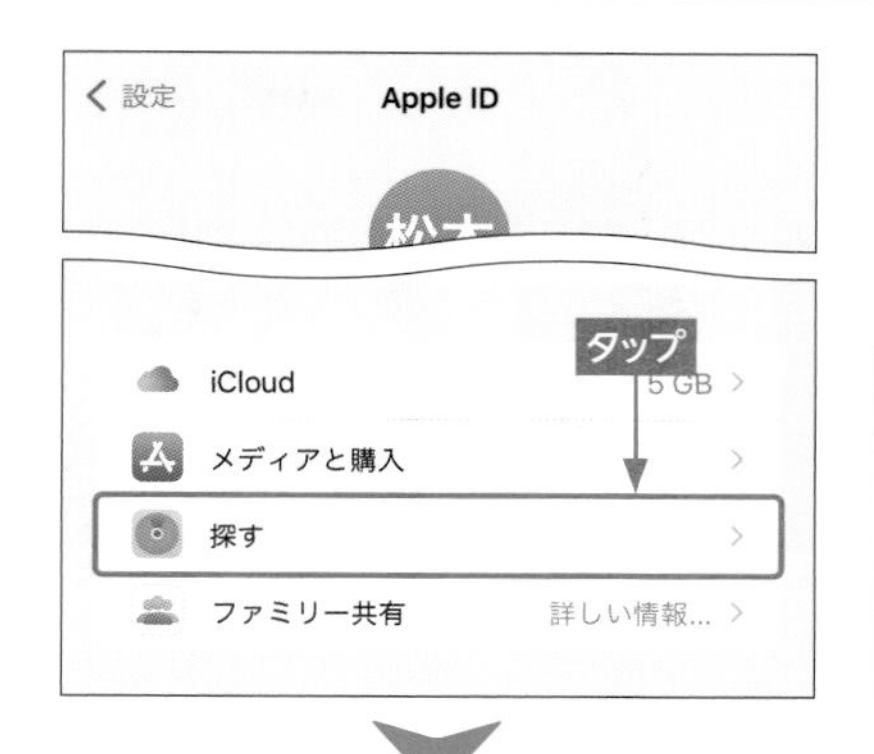

「設定」アプリからApple IDの画面を表示し、<探す>→<iPhoneを探す>の順にタップします。

「iPhoneを探す」をオンにします。このとき、「オフラインのデバイスを探すを有効にする」と「最後の位置情報を送信」もオンにしておきましょう。

デバイスを探す

サインイン　タップ

iPhone、iPad、Mac、Apple Watch、AirPods、Beatsを探します。または、ファミリー共

iPhoneを紛失してしまった際は、別のスマホやパソコンからiCloud（https://www.icloud.com/find）にアクセスし、紛失した端末と同じApple IDでログインして、端末の位置情報などを確認します。

頃からこまめにバックアップをとっておけば、機種変更の際にも役立ちます。

　そして、もう1つ設定しておきたいのが、iPhoneでは「探す」、Androidスマートフォンでは「デバイスを探す」の機能です。これらは、位置情報をもとにスマホの居場所を追跡する機能で、自分のスマホをパソコンや別のスマホなどから遠隔で操作できます。拾得者にメッセージを送れるほか、スマホのロックやデータの消去など、スマホの悪用やデータ流出を防ぐ機能も用意されています。

　ただし、どちらの機能も紛失を未然に防ぐものではありません。海外では国内に比べて盗難のリスクが高いことを意識して、歩きスマホやテーブルにスマホを置いておくといった無防備な行為は控えましょう。万が一スマホを紛失した場合は、契約している日本の携帯電話会社のカスタマーサポートに連絡を入れて、回線の利用を停止します。また、盗難の場合は現地の警察に届け出て、盗難証明書を発行してもらいましょう。海外旅行保険などの損害補償を申請する際に必要になります。

スマホ海外旅行

日本とどう違う？

海外でもスマホ決済を利用しよう

スマホ決済は、日本でも生活に浸透し始めています。海外でも日本と同じようにスマホで決済できるのか、日本と比較しながら海外のスマホ決済事情を紹介します。

日本でも「キャッシュレス決済」という言葉をよく聞くようになり、中でも大きく伸びたのが「スマホ決済」です。スマホ決済とは、文字通りスマホを使って行う決済のことで、おサイフケータイやApple Pay、QRコード決済などを含めた支払い手段の総称です。

スマホ決済は、国や地域によって採用している決済方法が異なります。たとえば、PayPayやLINE Payなどで日本でもおなじみになったQRコード決済は、中国や東南アジアでは生活インフラになるほど浸透しています。一方、欧米ではスマホ決済といえばNFC決済が主流です。NFC決済は、英語圏では一般

海外では現金払いができないってホント？

世界主要国におけるキャッシュレス決済比率（2020年）

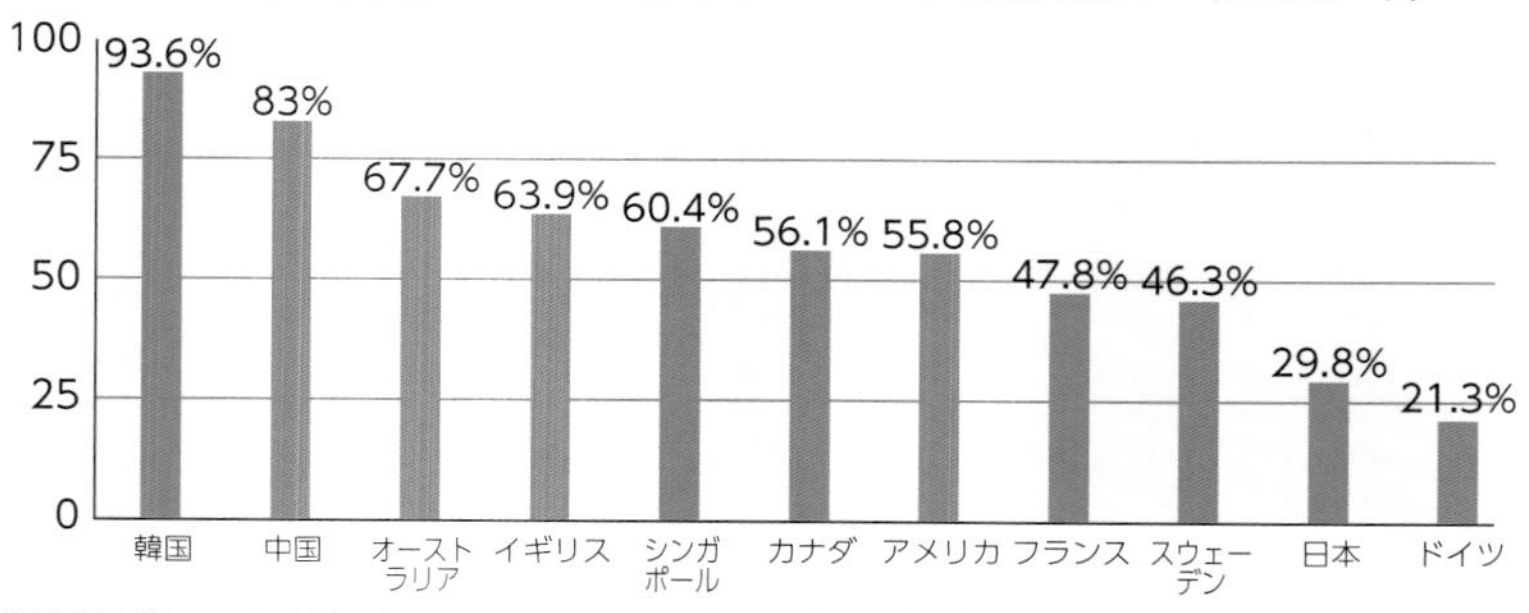

出典：世界銀行「Household final consumption expenditure（2020年（2021／12／16版））」、BIS「Redbook」の非現金手段による年間支払金額から算出

※韓国、中国に関しては、Euromonitor International より参考値として記載

※銀行口座間送金は調査対象外

▲海外では、確かにキャッシュレス化が進んでいます。もともとクレジットカードが普及しているアメリカや韓国、QRコード決済がメインの中国、現金の流通がほとんどないといわれるスウェーデンなどでは、現金払いが歓迎されないケースもあります。スマホ決済ならOKかというと、国の事情によるのでクレジットカードとの併用が現実的でしょう。

おサイフケータイはNG

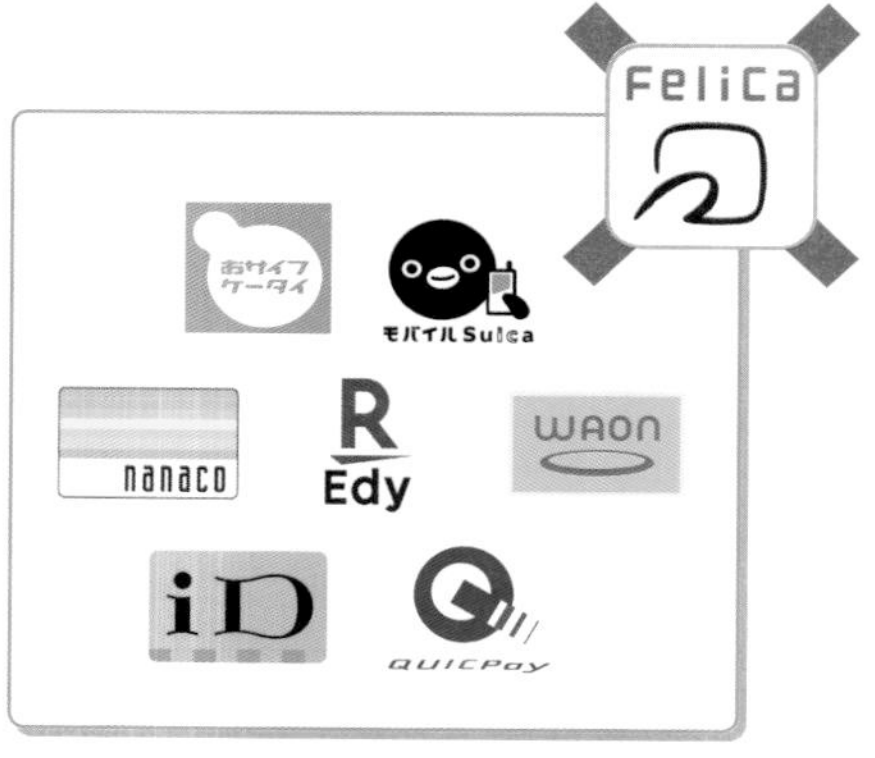

▲残念ながら、おサイフケータイやモバイルSuica、nanacoなど、日本独自の決済手段は、海外で利用できません。また、日本のQRコード決済も一部の例外を除いて使えないので注意が必要です。

海外で利用できるスマホ決済

Pay　G Pay

Google ウォレット

LINE Pay

◀▲対応国であれば、日本発行のクレジットカードやデビットカードを登録したApple PayやGoogleウォレットがそのまま利用できます。QRコード決済については、渡航先の国でアプリが利用できるケースもあります。スマホ決済が使えるかわからないときは、「Do you accept Apple Pay？」など、店舗で支払い方法を確認しましょう。

中国ではQRコード決済が大活躍

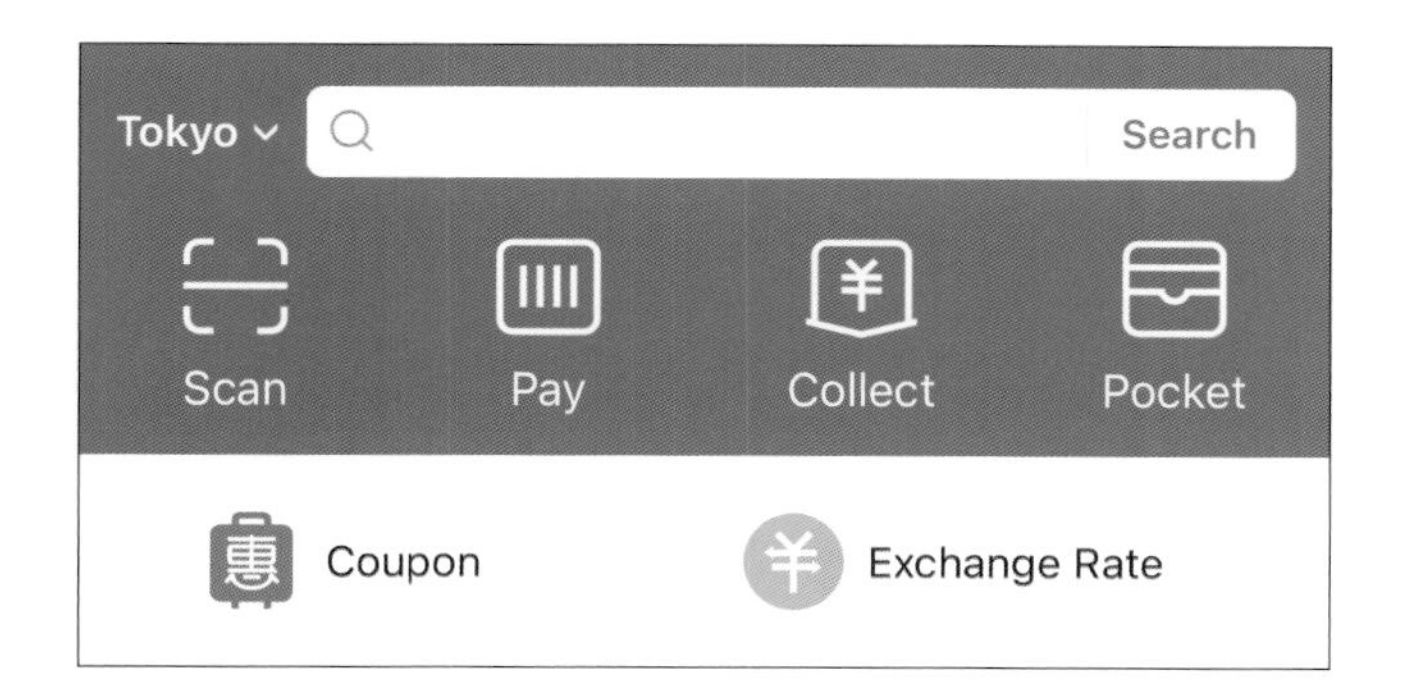

▲▶中国では、QRコード決済が浸透しています。スーパーアプリとの異名を持つ「Alipay」を持っていれば、ちょっとした支払いがAlipayだけで済んでしまいます。外国人用のTourCard機能を利用すると、日本のクレジットカードでチャージできるので、出発前に登録しておきましょう。

的に「コンタクトレス」と呼ばれている方式で、日本のおサイフケータイなどの「タッチ決済」と似ていますが、日本とそれ以外の国では、NFCのしくみが異なります。日本では独自のNFC規格（FeliCa）を用いているため、iDやQUICPayといった電子マネーによる決済を行いますが、欧米のNFC決済は、登録したクレジットカードやデビットカードからダイレクトに支払う方式が一般的です。

では、日本のスマホ決済サービスが海外で使えないかというと、必ずしもそうではありません。FeliCaを前提とする日本独自のおサイフケータイや、電子マネーは残念ながら使えませんが、Apple PayやGoogleウォレットに対応している店舗では、支払いの際にスマホを見せながら「コンタクトレス」や「クレジット」と言えばおおむね利用できます。また、QRコード決済については、LINE Payが台湾とタイで利用できます。中国に行くなら、日本からダウンロード可能な「Alipay」アプリを利用すれば、スムーズな支払いができるでしょう。

国内でも海外でも！ Apple Payを利用しよう

世界中で使えるiPhoneなら、Apple Payで海外でもスマートな支払いが可能です。ただし、日本とは勝手が違う部分もあるので、予習しておきましょう。

Apple Payは、iPhoneを始めとしたAppleが発売する端末で利用可能な、お財布機能およびタッチ型決済サービスです。クレジットカードやプリペイドカードなどを専用の「Wallet」アプリに登録し、実店舗や交通機関、オンラインショップでの支払いに利用します。また、「Wallet」アプリに搭乗券を保存することで、空港での搭乗手続きがスマートにこなせます。

世界80の国や地域に対応しているApple Payは、旅先でのちょっとした支払いに活躍するでしょう。ただし、使えるカードの種類やサービスの内容は、国や地域によって異なります。たとえ

Apple Payの特徴

❶クレジットカードやデビットカード、プリペイドカードをまとめて管理できる
❷支払い用の端末にiPhoneをかざすだけで支払いができる
❸エクスプレスカードに登録したカードは、Face IDやTouch IDの認証なしで決済できる

◀Apple Payは、左記のようなマークが掲示されているお店で利用できます。海外で利用する場合、日本発行のVISAカードは利用できないので注意が必要です。

登録した支払い用のカードが海外で利用できるか調べるには？

Apple Payに登録した支払い用のカードを国内で利用するときは、iDやQUICPayを経由した決済が可能です。海外で利用するときは直接カードから決済するので、表示されるカードにブランドのロゴマークが描かれているか、管理画面にブランド名が表示されるカードのみ利用できます。

Rakuten
mastercard

◀Apple Payに登録したクレジットカード（Mastercardの場合）

デバイスアカウント番号
American Express ····
QUICPay ····
Apple Payではクレジット/プリペイドカード番号の代わりにデバイスアカウント番号が使用されます。これらの番号はこのiPhoneでのみ使用できます。

▶Apple Payに登録したクレジットカードの管理画面（American Expressの場合）

利用できる主な国や地域

アメリカ、シンガポール、台湾、香港、フランス、ドイツ　など

Apple Payをお店で利用しよう！

Face ID 搭載の iPhone（iPhone X 以降）

メインのカードを使う場合は、サイドボタンをダブルクリックし、iPhone に視線を向けて Face ID で認証して、決済用の端末にかざします。

メインのカード以外を使う場合は、サイドボタンをダブルクリックしたあとで表示されるカードをタップすると、ほかのカードを選択できます。

Touch ID 搭載の iPhone（iPhone 8 以前）

メインのカードを使う場合は、ホームボタンに指をのせて、決済用の端末にかざします。

メインのカード以外を使う場合は、ホームボタンに指をのせずに、本体の上部を決済用の端末にかざします。表示されるカードをタップしてほかのカードを選択し、ホームボタンに指をのせて決済します。

Apple Payにクレジットカードを登録しよう！

「Wallet」アプリを起動し、⊕→＜クレジットカードなど＞→＜続ける＞の順にタップします。

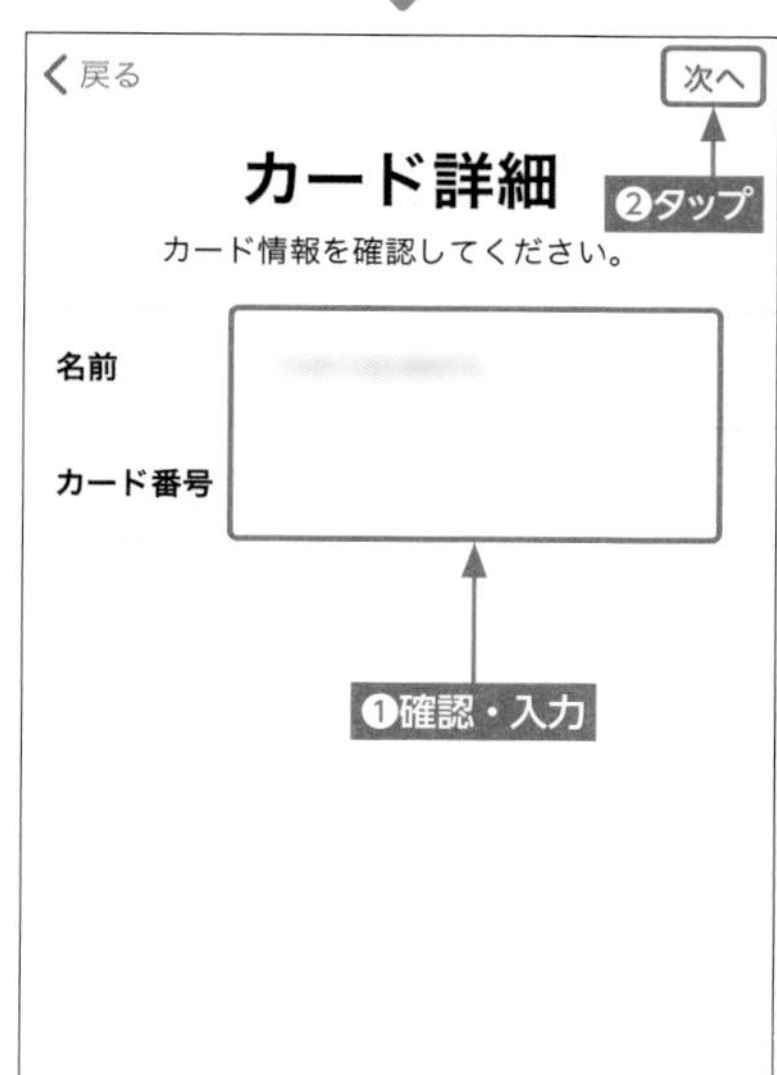

カメラが起動したら、登録するカードを読み取ります。読み取りが完了すると読み取った内容の確認画面が表示されるので、画面に従って内容を確認・入力し、＜次へ＞をタップします。有効期限とセキュリティコードを入力し、＜次へ＞→＜同意する＞の順にタップします。

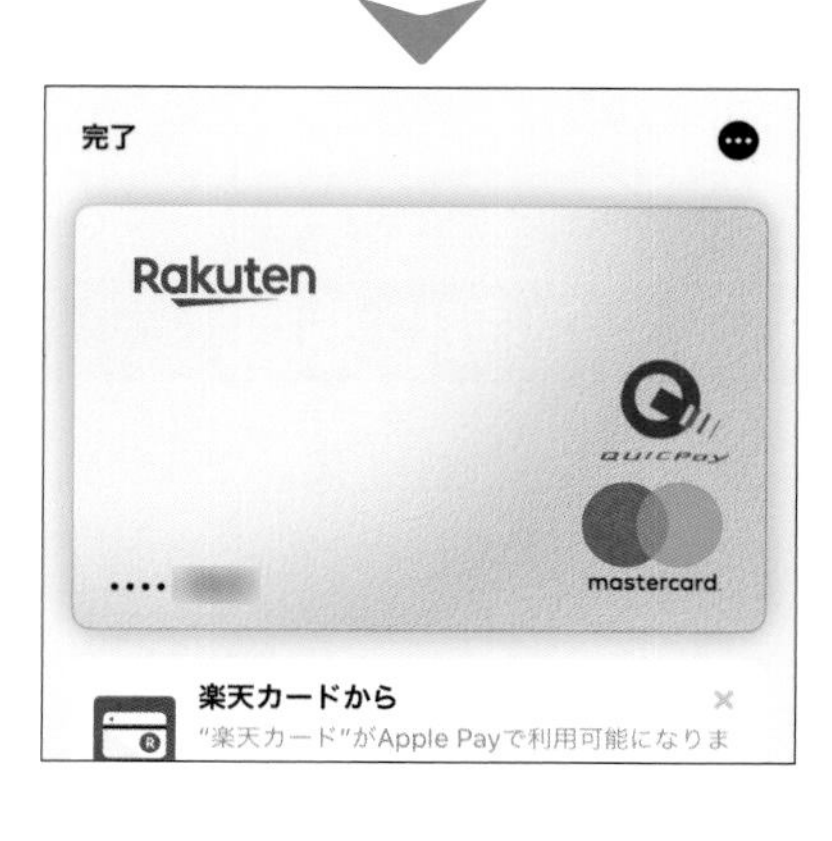

カードが追加されます。SMSなどでカード認証を行い、カードをアクティベートすると登録が完了します。

ば、Apple Payに登録した日本発行のVISAカードは、日本では利用できますが、海外では使用できません。また、Suicaなど日本独自の電子マネーも海外では使えないと考えておきましょう。同様に、日本独自の決済方法であるiDとQUICPayについても、Apple Payでの決済時に「iD」と伝えても、海外では通じないので要注意です。

Apple Payやコンタクトレスのマークが掲示されているお店では、支払い時にiPhoneを見せながら「Apple Pay」、「クレジット」と伝えれば利用できます。使い方は、日本国内と同じです。Face ID搭載のiPhoneとTouch ID搭載のiPhoneでは操作方法が異なるので、上記を参考に使い方を確認しましょう。なお、ロンドンの地下鉄など一部の交通機関では、登録済みのクレジットカードで改札を通ることも可能です。Apple Payをフルに活用して、旅先の街を楽しみ尽くしましょう。

スマホ海外旅行

海外で本領発揮！

Googleウォレットを利用しよう

Androidスマートフォンを利用している人なら、Googleウォレットがおすすめです。渡航先によっては公共交通の利用にも使えます。

Googleウォレットは、Androidスマートフォンで利用可能な、お財布機能および非接触型決済サービスです。利用するには、Playストアから「Googleウォレット」アプリをインストールして、クレジットカードやデビットカードなどを登録します。

Androidユーザーの中には、おサイフケータイを使っているのでGoogleウォレットは利用していないという人もいるでしょう。両者は同じような機能を持っているので、国内では好きなほうを利用できます。ところが、ひとたび海外に出てしまうと、おサイフケータイは利用できません。これは、決済端末と読み

Googleウォレットの特徴

❶クレジットカードやデビットカードをまとめて管理できる
❷支払い用の端末にAndroidスマートフォンをかざすだけで支払いができる

◀Googleウォレットを海外で使いたいときは、左記のようなマークが掲示されているお店で利用できます。

Androidスマートフォンの条件

●NFC（type A/B）に対応している

・Google Pixel 7a
・Xperia 10 Ⅳ
・AQUOS wish
・Galaxy A54 5G

など

カードの条件

●VISAのタッチ決済またはMastercardのタッチ決済で決済が行われるカードである

Visa LINE Payプリペイドカード、PayPay 銀行 Visa デビット、エポスカード（Visa ブランド）、住信 SBI ネット銀行株式会社のスマホデビット（Mastercard）

など

利用できる主な国や地域

アメリカ、オーストラリア、イギリス、ドイツ、フランス、シンガポール、香港、台湾　など（60以上の国と地域で利用可能）

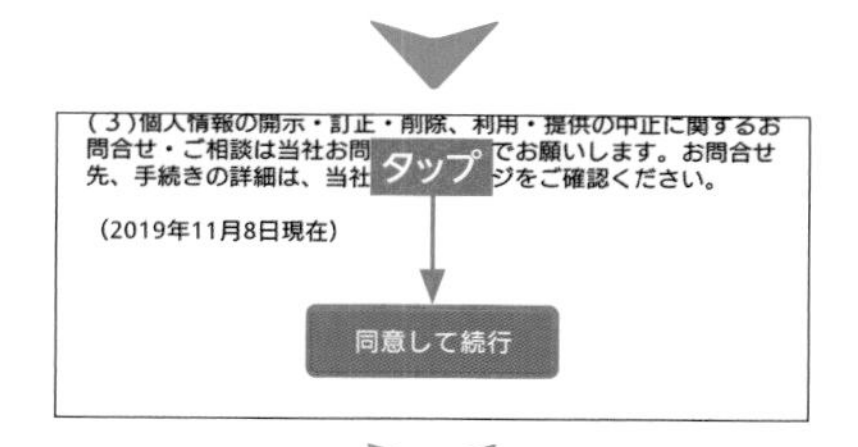

「カード発行会社の利用規約」をよく読み、＜同意して続行＞をタップします。

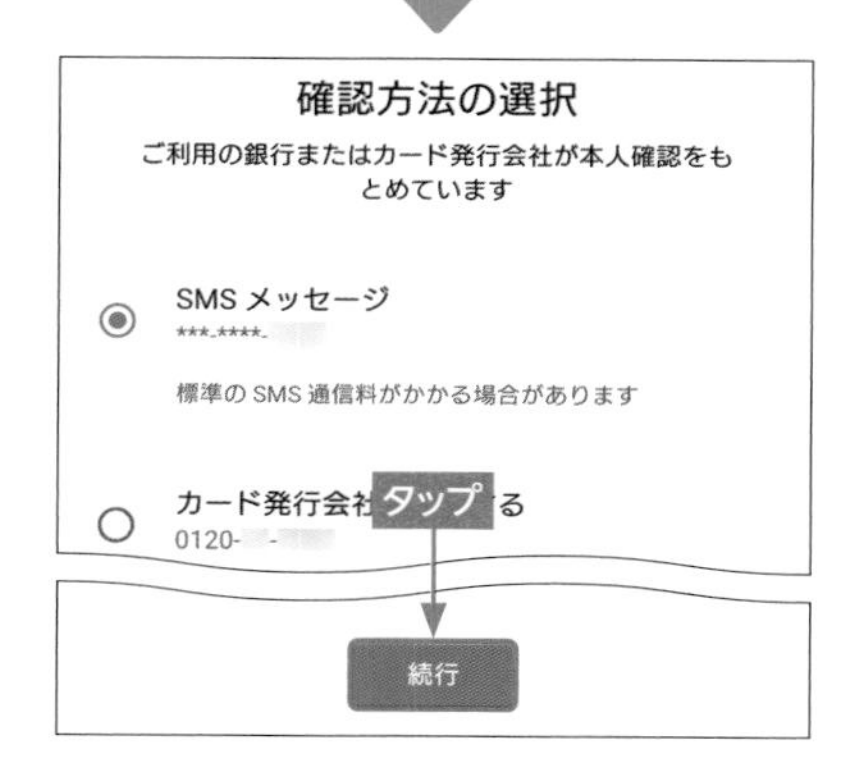

＜SMSメッセージ＞→＜続行＞の順にタップすると、SMSに確認コードが送信されます。届いた確認コードを入力すると登録が完了します。

Googleウォレットをお店で利用しよう！

Androidスマートフォンのスリープとロックを解除して、決済用の端末にかざします。お店によってはデビットカードの暗証番号の入力が必要です。

メインのカード以外を使う場合は、「Googleウォレット」アプリを起動し、使用するカードを選択して、決済用の端末にかざします。選択を求められたときは＜クレジット＞をタップします。

Googleウォレットにクレジットカードを登録しよう！

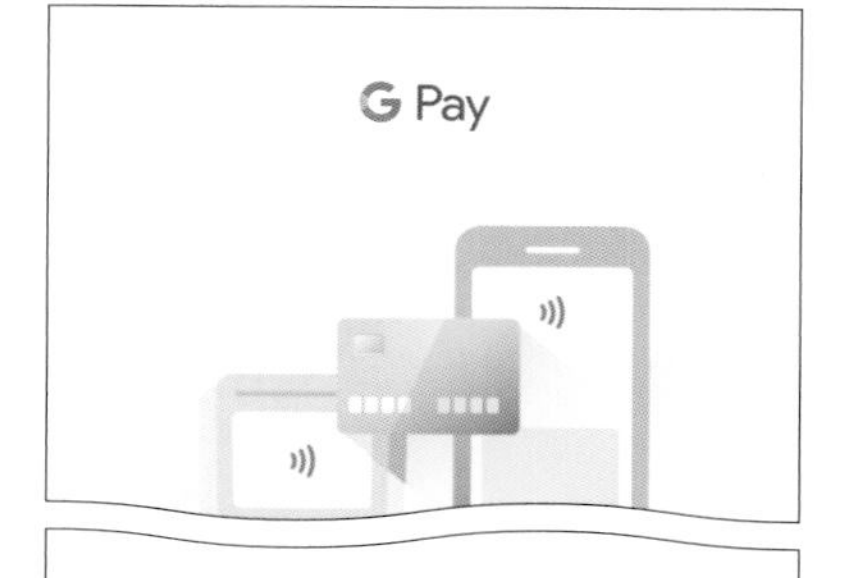

ウォレットの設定
クレジット カード、チケット、パスをまとめて安全に保管。Google Pay なら店舗やアプリ、ウェブでのお支払いもスピーディ。
タップ
続行

「Googleウォレット」アプリを起動し、＜続行＞をタップします（次回からは、＜ウォレットに追加＞→＜クレジットやデビットカード＞の順にタップします）。

Google がお客様の取引を処理するために必要な場合は、販売者、決済代行業者などの第三者にお客様の個人情報を提供する場合がございます。
タップ
保存

カメラが起動したら、登録するカードを読み取ります。読み取りが完了すると読み取った内容の確認と電話番号などの個人情報を入力し、＜もっと見る＞→＜保存＞の順にタップします。

取り機の通信を行うNFC（近距離無線通信規格）の種類が、日本と海外とで異なるためです。Googleウォレットであれば、非接触型決済対応店舗で決済用の端末にかざすだけでカード決済できるので、使わない手はありません。

最近は、国内で発売されるの多くのAndroidスマートフォンにFeliCaとNFCの両方の機能が搭載されていますが、一部のスマホでは、NFCに対応していないものもあり、そうしたものは海外でGoogleウォレットが使えないので注意が必要です。また、NFC対応端末でも、「設定」アプリでNFCがオンになっていないと動作しないので、＜機器接続＞→＜接続の設定＞→＜NFC／おサイフケータイ＞の順にタップして、オンになっていることを事前に確認しておきましょう。なお、登録するカードによっては、QUICPayやiDで決済されるものもありますが、それらのカードは、海外では利用できません。Googleウォレットのヘルプページを参照すると、持っているカードをGoogleウォレットに登録した際の決済方法を確認できます。

中国旅行に必携！ Alipay TourCardを利用しよう

中国では、あらゆる支払いでQRコード決済が当たり前です。そこで、2大「ペイ」アプリのうち、旅行者が使えるAlipay TourCardを紹介します。

中国でこれほど急速にQRコード決済が広がった背景には、スマホの普及と「Alipay（支付宝）」などに代表される中国市民の生活インフラをも担うスーパーアプリの存在があります。

Alipayは、これまで中国の銀行口座との紐付けが必須であったため、外国人旅行者にはハードルが高いアプリでした。そこに追加されたのが「TourCard」というミニアプリです。TourCardは、中国以外の国や地域で発行されたクレジットカードに対応し、海外旅行者がかんたんな手続きでAlipayのQRコード決済を利用可能にするものです。

「Alipay」アプリは、日

Alipay TourCardの特徴

❶「Alipay」アプリ内の機能の1つ（ミニアプリ）
❷海外からの旅行者向けQRコード決済サービス
❸日本のクレジットカードからチャージできる
❹アプリ内のバーチャルプリペイドカードにチャージする
❺2023年6月時点では中国銀聯のQRコード決済のみに対応

チャージ可能金額

チャージ最小額100元
チャージ上限額10,000元（90日間）
※表示残高が2,000元を超えるチャージは不可

日本から利用できるクレジットカード

VISA

Alipay TourCardは発行から180日間有効です。チャージには5%の手数料が発生します。利用期限を過ぎるとリセットされ、残額はチャージもとに返金されます。リセット後に再度利用する場合は、再アクティベートが必要です。なお、個人間送金は利用できません。

◀タクシー料金の支払いなどでまれに個人間送金を求められることがありますが、TourCardでは利用できません。

Alipay TourCardにチャージしよう！

「Alipay」アプリを起動し、画面上部の検索欄に「TourCard」と入力して、＜TourCard＞→＜Allow＞→＜Enter＞の順にタップします。

この画面で右上の＜English＞→＜日本語＞の順にタップすると、表示を日本語にできます。＜今すぐ使用＞をタップします。

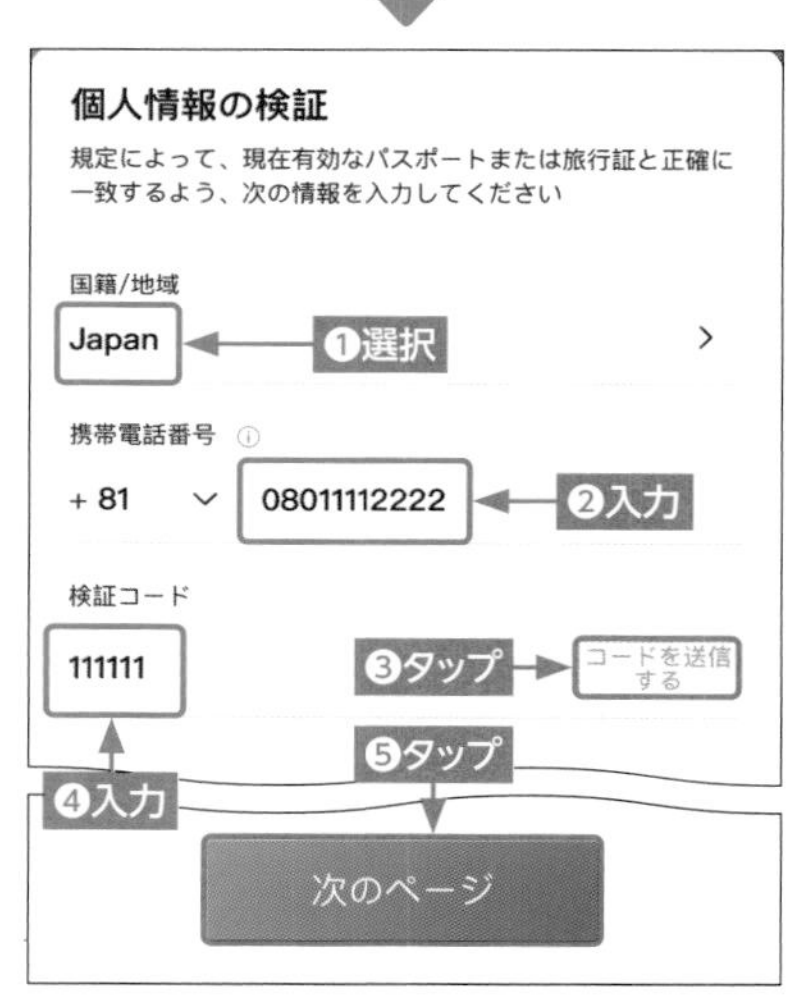

「国籍／地域」で＜Japan＞を選択し、「携帯電話番号」を入力して＜コードを送信する＞をタップします。送られてきた6桁のコードを「認証コード」に入力し、＜次のページ＞をタップして、パスポートなどの個人情報を登録します。承認されたらクレジットカードを登録してチャージします。

Alipayに登録しよう！

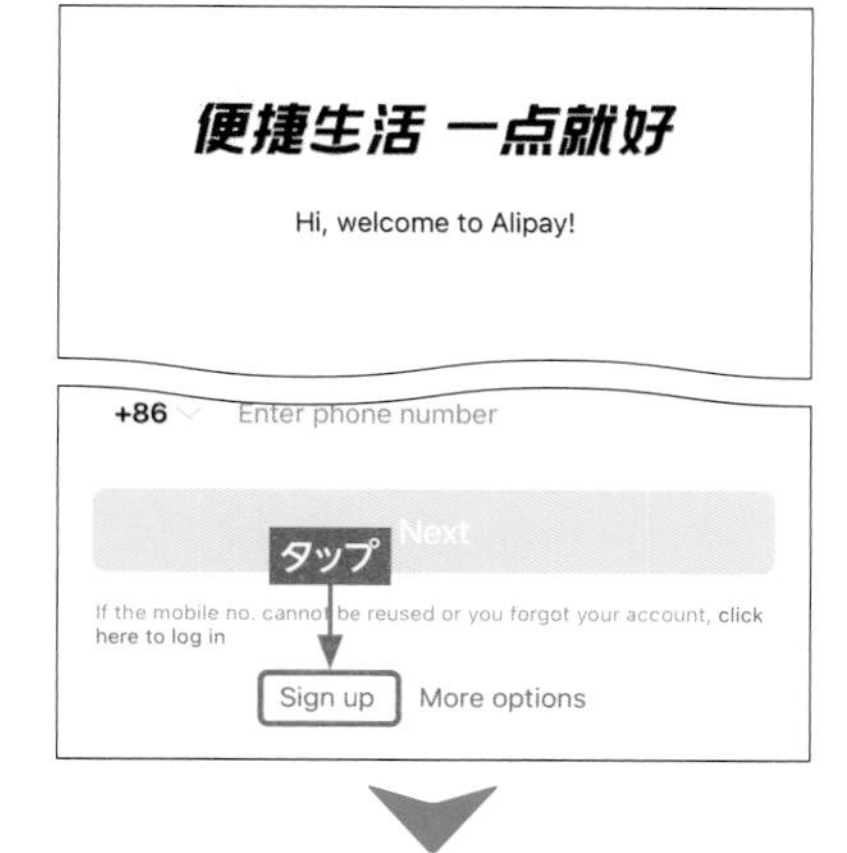

「Alipay」アプリを起動し、＜Sign up＞をタップします。

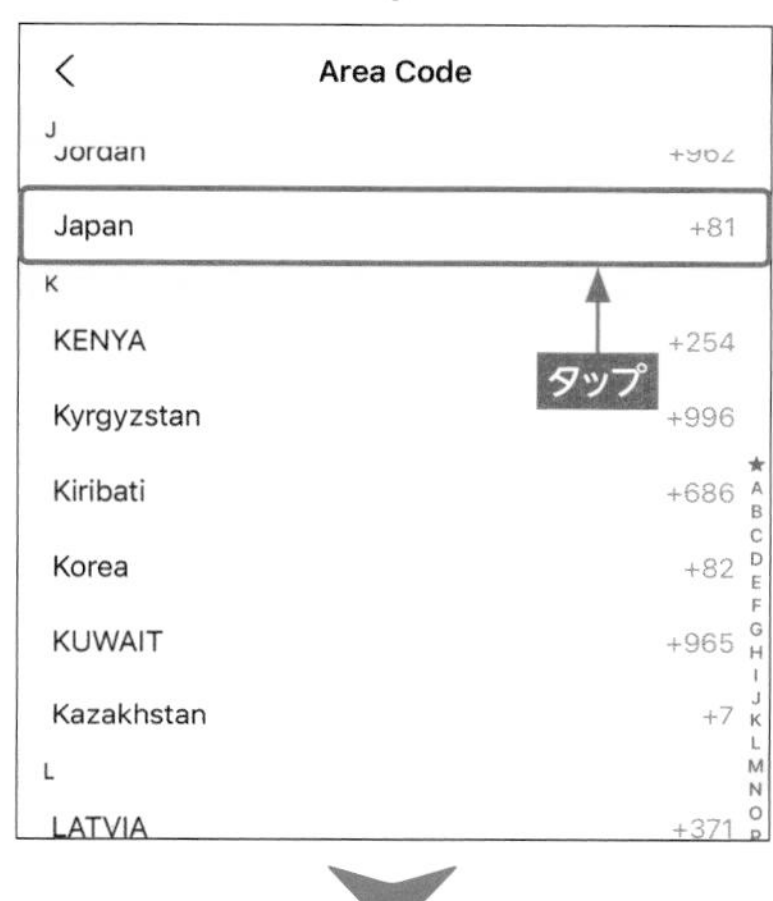

エリアコード（初期設定では＜+86＞）→＜Japan＞の順にタップします。

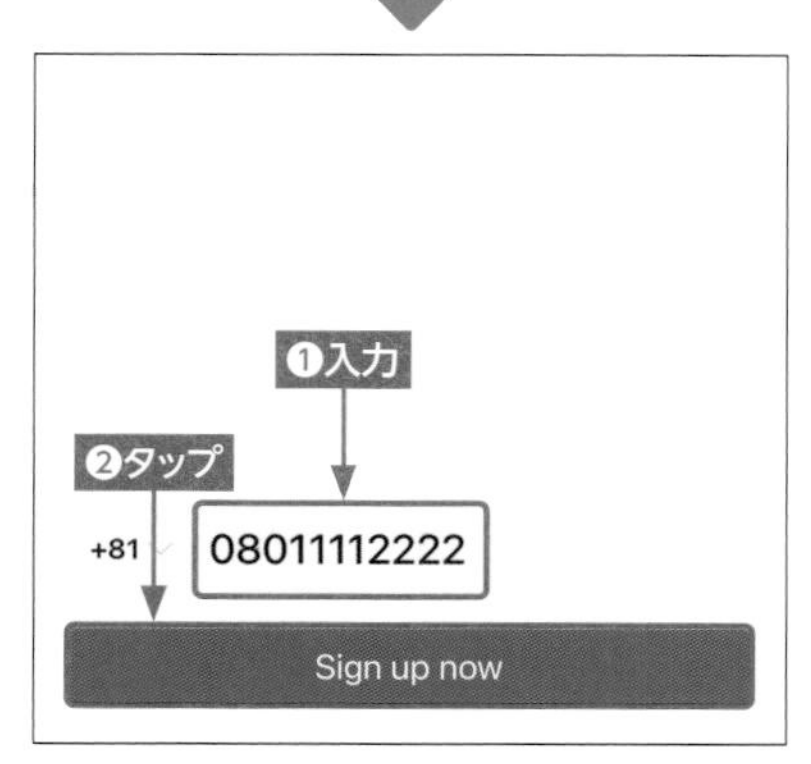

SMSが受信できる携帯電話番号を入力したら、＜Sign up now＞→＜Agree＞の順にタップします。SMSに届いた4桁の認証コードを入力すると、Alipayの登録が完了します。

本でインストールできるので、中国への渡航前に登録やチャージを済ませておくと、着いたその日から利用できます。なお、TourCardの有効期限は発行後180日間で、使われなかった分は、返金されるしくみなので、安心してチャージできます。ただし、TourCardへのチャージには5％の手数料が課されることになっているので、注意しましょう。

登録には、携帯電話番号（SMSが受け取れるもの）やパスポート、クレジットカードが必要です。電話番号とクレジットカードは日本のもので構いません。登録時には手元にそろえておきましょう。なお、審査には3営業日ほどかかることがあり、「Alipay」アプリを起動して確認できます。承認されたらチャージ金額を指定し、クレジットカードの登録と認証や支払いパスワードの設定をしてチャージ完了です。店舗で利用する際は、TourCardを表示し、画面下部の〈支払い〉をタップすると、QRコードを提示できます。

Alipay TourCardをお店で利用しよう！

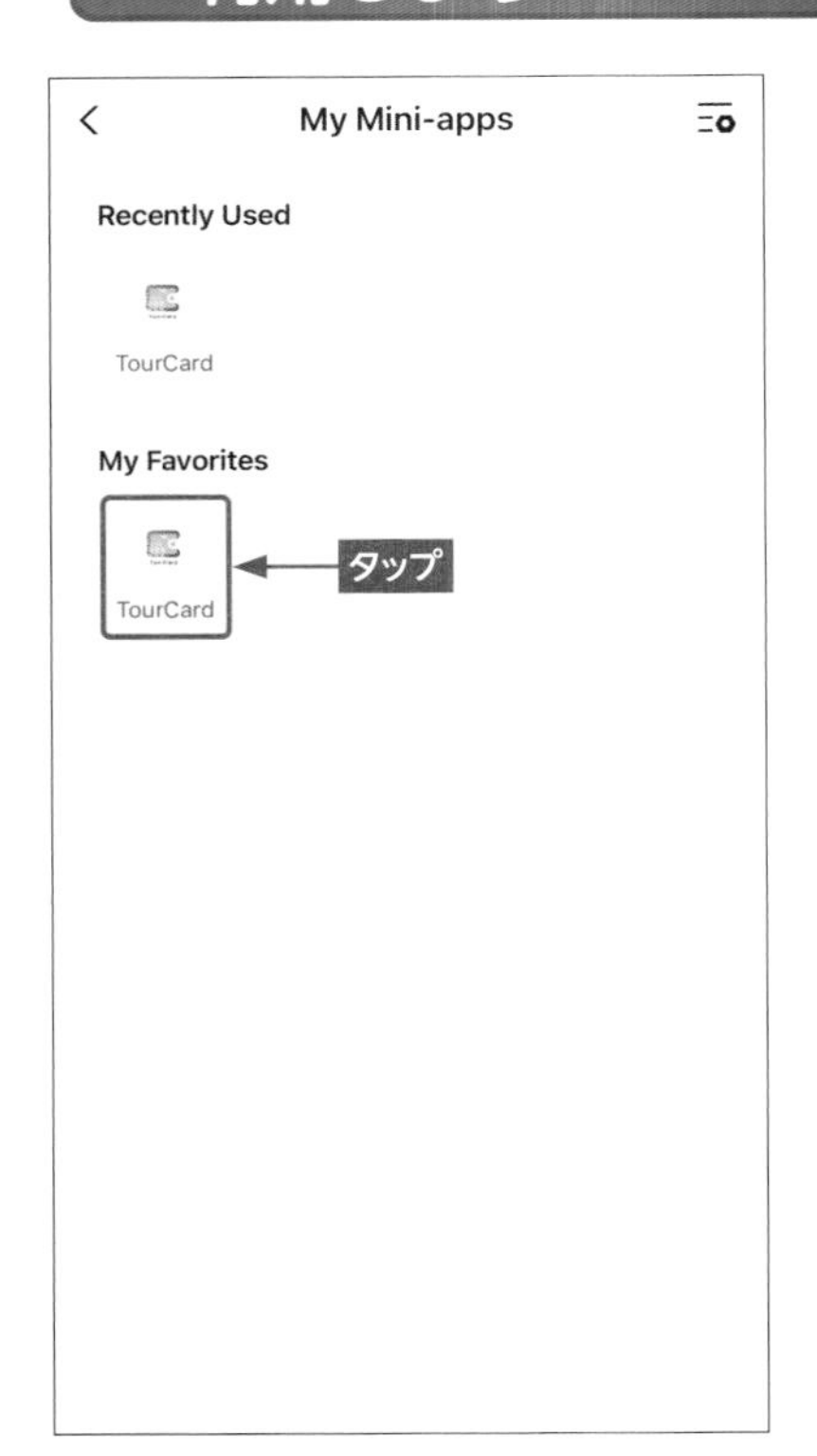

「Alipay」アプリを起動し、ホーム画面で<My Mini-Apps>→<TourCard>の順にタップして、画面下部の<支払い>をタップします。

スマホに表示されるバーコードとQRコードをお店の専用バーコードリーダーで読み取ってもらいましょう。

Alipay TourCardをホーム画面からすぐ使えるようにしよう！

TourCardをお気に入り登録しておくと、支払い時にQRコードをスムーズに表示できます。

TourCardを表示し、画面右上の☆をタップしてお気に入りに登録します。

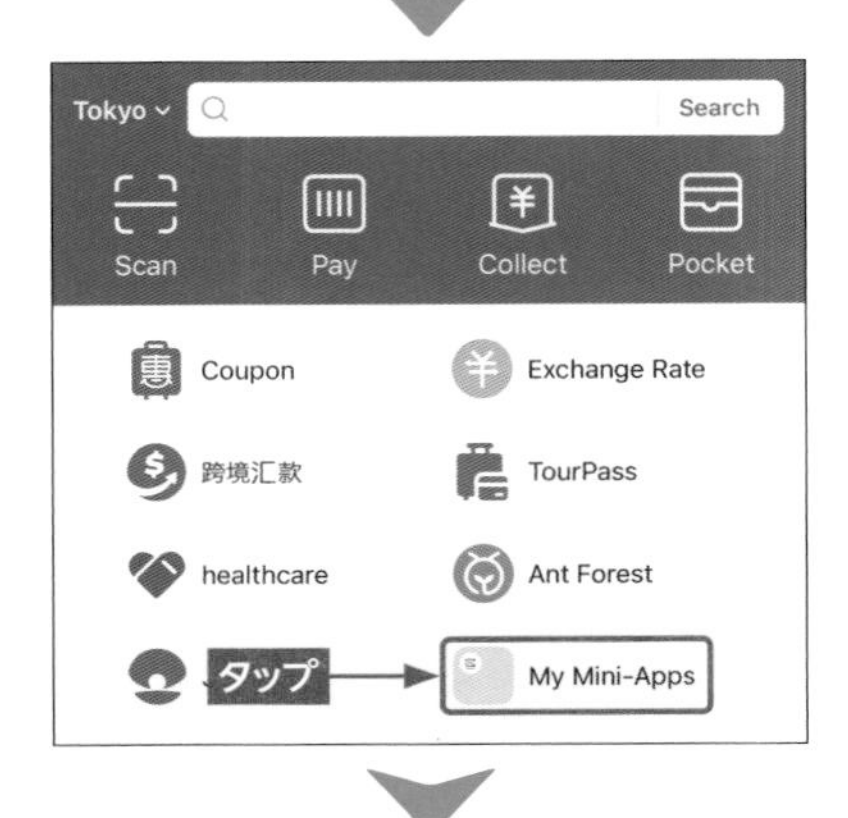

「Alipay」アプリのホーム画面で<My Mini-Apps>をタップします。

「My Favorites」の<TourCard>をタップすると、Tour Cardが表示されます。

COLUMN 中国では銀聯カードがあると便利

中国での支払いといえば、QRコード決済が主流になっています。とはいえ、Alipay TourCardがあれば現金やクレジットカードは不要というわけではありません。高額の買い物をする際には、クレジットカードが現実的といえるでしょう。しかし、店舗によってはVISAやMastercardのクレジットカードが利用できない場合もあります。中国でクレジットカードを利用したいのであれば、「銀聯カード」を持っていると便利です。

銀聯カードは、中国発の国際ブランドで、中国ではデビットカードとして広く利用されています。日本で銀聯ブランドのクレジットカードを発行するには、三井住友銀聯カード、MUFG銀聯カード、ANA銀聯カードなどを申し込みましょう。国際ブランドなので、中国だけでなく世界中の加盟店で利用できます。

海外旅行に役立つ便利アプリ・サイト

付録

海外旅行で役立つスマホアプリはまだまだたくさんあります。インストールしておけば、さまざまな場面で活躍するでしょう。ここでは、覚えておくと便利な、海外旅行中の困ったを解消してくれるWebサイトと併せて、お役立ちアプリを紹介します。

Booking

ブッキング ドットコム

提供　Booking.com

iPhone　Android

ホテルや旅館、ゲストハウス、アパートメント、別荘など多種多様な掲載施設を検索し、宿泊予約ができます。料金やクチコミスコア、Wi-Fiの速度などの条件で絞り込みができるため、自分の好みに合った宿泊施設を探せます。

エクスペディア

提供　Expedia, Inc.

iPhone　Android

かんたんに宿泊施設や航空券の予約ができるアプリです。アプリでの予約時に無料で会員登録をすると、対象の宿泊施設を平均15％オフで予約できるサービスなどを利用できます。また、クーポンが配布されることもあり、とてもお得です。

Airbnb

提供　Airbnb, Inc.

iPhone　Android

「Airbnb」（エアビーアンドビー）は、マンションの一室や個人が所有する別荘をはじめ、お城やツリーハウス、クルーザーなど一風変わった場所への宿泊の予約ができるアプリです。ホテルと比べると安く泊まることができます。

Seat Alerts

提供　New Imagitas, Inc.

iPhone　Android

飛行機の座席情報アプリです。説明はすべて英語です。フライトの日付や出発地、目的地などの必要項目を入力して検索すると、航空券を購入する前の段階で、空席状況を確認することができます。長時間のフライトを快適に過ごすためにも、事前に情報を入手できると座席選びの参考になります。

トリップアドバイザー

提供　Tripadvisor

iPhone　Android

「トリップアドバイザー」は、世界最大級の旅行コミュニティサイトのアプリです。ホテルやツアー、アクティビティ、レストランなどの口コミのチェックと予約ができます。旅行中も周辺のスポットなどを地図上に表示して保存したり、その場で予約したりできて便利です。

CamScanner

提供　INTSIG Information Co.,Ltd
（Android版はCamSoft Information）

iPhone　Android

ガイドブックや旅行パンフレットをスキャンしてPDFで保存することができるアプリです。パスワードを設定することもできるため、パスポートや保険証をスキャンして安全に保管することができます。もしものためにコピーを持ち歩く必要がなくなります。

Googleドライブ

提供　Google LLC

iPhone　Android

「Google ドライブ」では、閲覧できるあらゆるデバイスですべてのファイルのバックアップとアクセスが行えます。15GBまで無料でファイルの保存が可能です。Androidスマートフォンの場合、旅行パンフレットをスキャンしてPDFファイルとして保存できます。

Kindle

提供	AMZN Mobile LLC

iPhone　Android

「Kindle」は、Amazonが提供する電子書籍アプリです。Amazonで購入したKindle本が自動的に表示されます。Kindle Unlimitedまたは Amazonプライムの会員であれば、読み放題対象のKindle本をアプリからダウンロードできます。オフライン利用時は、あらかじめ端末にKindle本をダウンロードしましょう。

YouTube Music

提供	Google LLC

iPhone　Android

Googleが運営する音楽ストリーミングサービスアプリです。最大100,000曲の音楽を自分のライブラリにアップロードでき、8,000万曲以上ある国内外の配信楽曲の視聴が可能です。広告なしで動画や音楽を視聴したりオフライン再生をしたりするには、月額980円の有料プランの定期購入が必要です。

Spotify

提供	Spotify

iPhone　Android

「Spotify」は、世界中の楽曲を無料で視聴できる音楽ストリーミングサービスのアプリです。オフライン再生をしたいときは月額980円のプレミアプランへの加入が必要です。無料プランでもすべての曲を視聴でき、ストリーミングの音質を設定できます。

電卓 Plus

提供	DigitAlchemy LLC

iPhone　Android

DigitAlchemy LLCが提供する電卓アプリは、通常の電卓機能に加えてこれまでの計算履歴をすべて表示させる機能や高度な関数計算にも対応した計算機アプリです。多様な機能を備えているので、買い物だけに限らずあらゆる場面で活躍します。

Currency

提供	Jeffrey Grossman (Android版はCurrency App LLC)

iPhone　Android

150以上の通貨と国に対応した外国為替換算アプリです。通貨をタップし、金額を入力して＜換算＞をタップすると、さまざまな通貨への換算レートが一覧で表示されます。表示する通貨は、追加や削除が可能です。

パーセント電卓

提供	Omni Calculator Sp. z o o. (Android版はLife ＆ Tech)

iPhone　Android

割合やチップ、割引などの計算機能を搭載した計算機アプリです。チップの計算をしたい場合は、トップ画面で＜チップ＞をタップし、料金とチップの割合を入力します。通貨を変えたいときは、トップ画面で＜設定＞をタップし、「Currency」(Androidでは「通貨記号」)を変更します。

NAVITIME Transit

提供	NT TRAVEL Co., Ltd.

iPhone　Android

中国、台湾、韓国など世界50ヶ国の乗り換えに対応した路線図アプリです。路線図をあらかじめダウンロードしておけば、オフラインで利用できます。また、路線図で出発駅と到着駅をタップするだけで経路が表示されるため、駅の名前が読めなくても使うことができます。

Yelp

提供	Yelp

iPhone　Android

「Yelp」は、世界中のレストランやバー、人気のスポットなどの情報が数多く掲載されているローカルガイドアプリです。特に欧米地域のお店の掲載数が多いため、旅行するときはダウンロードしておくと便利です。また、「Wi-Fi」と検索すると無料Wi-Fiが利用できるお店を探すこともできます。

Google

提供	Google LLC

iPhone　Android

Googleの検索アプリです。音声検索をはじめ、Discoverで自分の好みに合わせた記事を閲覧したり、食べたい料理名を検索して表示される料理の写真から近くのお店を探したりできます。Google レンズを使うと、カメラで写した植物や動物の検索などを行えます。

Shazam

提供	Apple

iPhone　Android

「Shazam」は、街中で流れている音楽のタイトルを知りたいときに便利なアプリです。アプリに音楽を聞かせると曲のタイトルを表示し、ライブラリに記録します。旅先で出会った音楽を記録できて重宝します。オフラインで音楽を聞かせた場合は、オンラインになったときに自動で検索されます。

WiFi Finder

提供 Etrality GmbH

iPhone Android

アプリを起動すると、現在地周辺のマップが表示され、付近のWi-Fiスポットを探すことができます。各Wi-Fiスポットの通信速度も表示されるので、自分が利用したい用途にあった場所を選べます。オフラインマップの利用は有料になるので、必要な場合は事前に購入しましょう。

旅の指さし会話帳アプリ

提供 YUBISASHI (Joho Center Publishing CO,Ltd)

iPhone Android

シリーズ累計550万部突破のベストセラー書籍「旅の指さし会話帳」のアプリです。22ヶ国語・10,000以上のフレーズが収録されており、フレーズをタップすると拡大して表示されます。オフラインで利用できるため、インターネット環境がなくても使うことができます。

JCBハワイガイド

提供 JCB Co., Ltd.

iPhone Android

ハワイを旅行する場合にダウンロードしておきたい観光アプリです。ハワイに関する情報やマップ、JCBカードの優待情報などをオフラインで利用できます。情報は毎日更新されるため、旅行前に<情報更新>をタップして情報を最新にしておくと安心です。

国別観光ガイドアプリ

台湾旅行ガイド DiGTAIWAN!

提供	CCtips travel media co. Ltd.

iPhone　Android

台湾のおすすめ観光地の情報が満載な観光アプリです。台北エリアだけでなく、台中・台南・高雄・花蓮・屏東の6エリアの旅行情報を掲載しています。各種施設で利用できるクーポン情報もあるため、台湾旅行をお得に楽しめます。

HAWAIICO

提供	Japan Airlines Co., Ltd.

iPhone　Android

「HAWAIICO」(ハワイコ)は、ハワイ州観光局公認の観光ガイドアプリです。会員登録をすると、アプリから現地のオプショナルツアーへの予約や、さまざまな交通サービスの予約ができます。また、現地のアンバサダーがおすすめスポットを紹介してくれたり、お得なクーポンをプレゼントしてくれたりといったサービスもあります。

Pokke

提供	MEBUKU

iPhone　Android

「Pokke」(ポッケ)では、現地の観光ガイドが普段観光地で話す内容を日本語で聞くことができます。世界中の主要な観光地に対応しており、オーディオは事前にダウンロードしておけば、オフラインで利用できます。連続再生すると、近所の観光地を順番に紹介します。一部有料コンテンツもあります。

フィレンツェ 旅行ガイド&マップ

提供	Gonzalo Juarez (Android版はETIPS INC)

iPhone　Android

フィレンツェの観光地や飲食店などをARで表示することができる観光アプリです。オフラインで利用できます。フィレンツェを実際に旅行した人たちの意見が取り入れられているため、とても実用的な内容となっています。

Foodie

提供 SNOW Corporation

iPhone Android

フィルターを使い分けることで食べ物をおいしそうに撮影できるカメラアプリです。料理を真上から撮影するときに、頂点の場所を教えてくれるベストアングル機能など、バランスのよい写真を撮りたいときに便利な機能が数多く搭載されています。

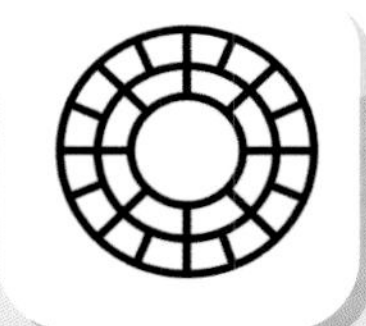

VSCO

提供 Visual Supply Company

iPhone Android

「VSCO」は、フィルターなどを使用しておしゃれな写真に加工できるカメラアプリです。自撮り写真から風景写真までさまざまなジャンルの写真の加工ができます。編集の履歴を確認したり、気に入った編集を保存して別の写真を加工するときに利用したりする機能もあります。

夜撮カメラ

提供 Studio ra,labo.

iPhone Android

夜景や光の量が少ない場所での撮影を補助するアプリです。新しいスマホの機種には夜景や天体を撮影できるモードを備えたものもありますが、このアプリを利用するとそういった機能がないスマホでもきれいに夜景や天体の撮影ができます。

海外安全アプリ

提供	外務省

iPhone　Android

外務省が提供する海外旅行中に予期せぬ事態に遭ってしまったときに役立つアプリです。4段階の危険レベルや感染症、天候のリスク、過去に起こった事件や事故など、旅行先の安全情報をまとめて確認することができます。

厚生労働省検疫所FORTH

URL
https://www.forth.go.jp/index.html

海外での感染症の発生情報や、予防接種についてなどをはじめ、海外で健康に過ごすための情報を掲載した、厚生労働省検疫所のホームページです。渡航先で病院にかかるための行動や病気にならないために注意すること、旅行から帰ってから体調が優れないときにすべきことなどの情報を紹介しています。

外務省海外安全ホームページ

URL
https://www.anzen.mofa.go.jp/

海外旅行の安全に関するあらゆる情報が確認できます。在留邦人の保護をしてくれる各国の在外公館に連絡を取りたいときは、リンクから調べることができます。また、サイトから外務省海外旅行登録「たびレジ」への登録をすると、渡航先の在外公館などから登録された連絡先に、渡航先で役に立つ情報が無料で届きます。また、現地で事故や事件に巻き込まれた場合も、すばやく支援を依頼することが可能です。

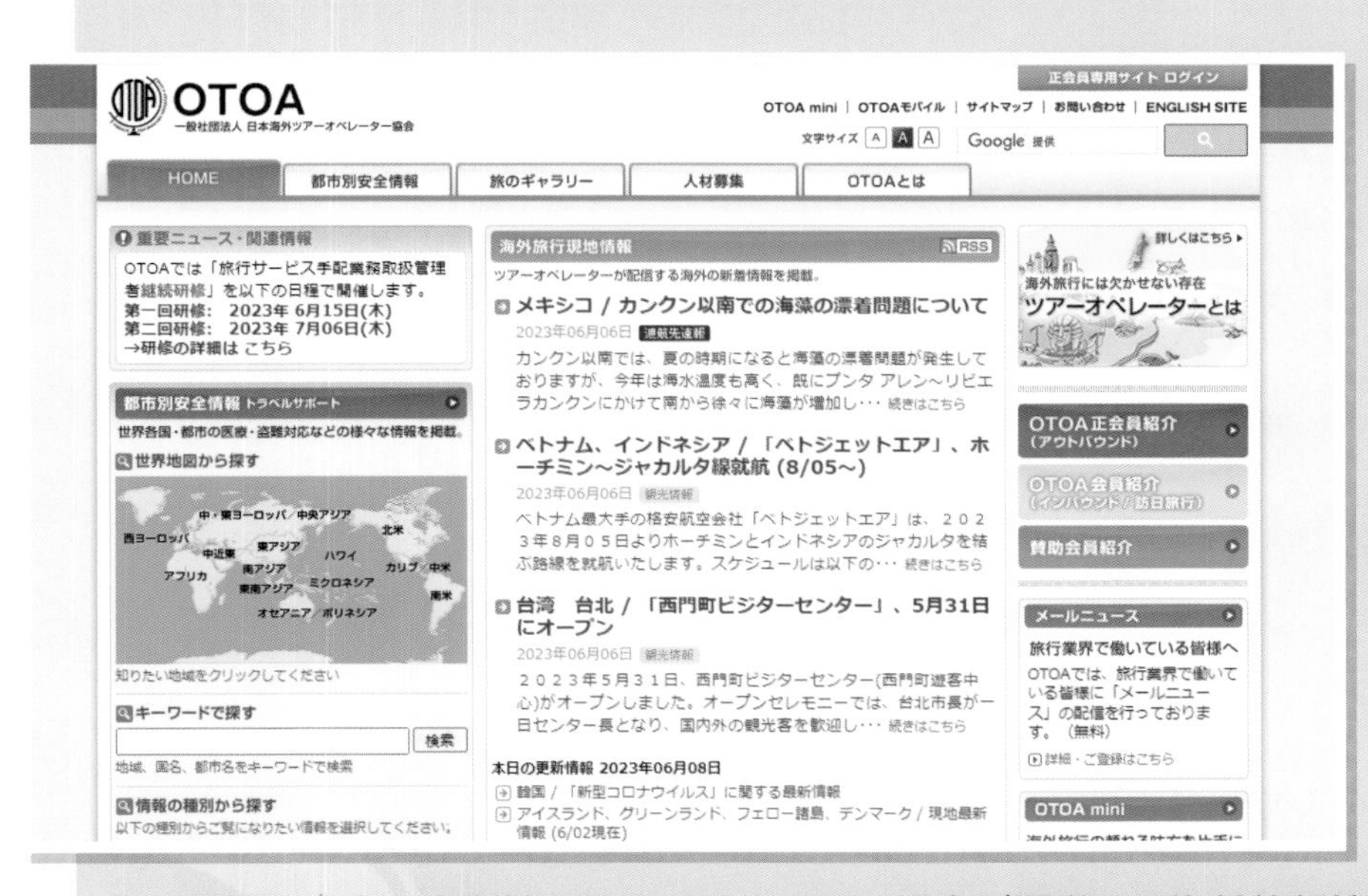

OTOA

URL
https://www.otoa.com/

一般社団法人日本海外ツアーオペレーター協会が運営する海外旅行情報サイトです。観光情報をはじめ、旅行中に困ったときは、「都市別安全情報」から渡航中の場所ごとの対応方法や緊急連絡先を詳細に調べることができます。また、都市によってはトラブル事例集が掲載されていることもあります。

お問い合わせについて

本書に関するご質問については、本書に記載されている内容に関するもののみとさせていただきます。本書の内容と関係のないご質問につきましては、一切お答えできませんので、あらかじめご了承ください。また、電話でのご質問は受け付けておりませんので、必ずFAXか書面にて下記までお送りください。
なお、ご質問の際には、必ず以下の項目を明記していただきますようお願いいたします。

1 お名前
2 返信先の住所またはFAX番号
3 書名
（海外旅行のためのスマホ快適ナビ）
4 本書の該当ページ
5 ご使用の端末とOSのバージョン
6 ご質問内容

なお、お送りいただいたご質問には、できる限り迅速にお答えできるよう努力いたしておりますが、場合によってはお答えするまでに時間がかかることがあります。また、回答の期日をご指定なさっても、ご希望にお応えできるとは限りません。あらかじめご了承くださいますよう、お願いいたします。ご質問の際に記載いただきました個人情報は、回答後速やかに破棄させていただきます。

お問い合わせ先

〒162-0846　東京都新宿区市谷左内町21-13
株式会社技術評論社　書籍編集部
「海外旅行のためのスマホ快適ナビ」
FAX番号：03-3513-6167 ／ URL：https://book.gihyo.jp/116

海外旅行のための スマホ快適ナビ

2023年8月8日　初版　第1刷発行

著者……リンクアップ
発行者……片岡　巌
発行所……株式会社技術評論社
東京都新宿区市谷左内町21-13
電話……03-3513-6150　販売促進部
03-3513-6160　書籍編集部
編集……リンクアップ
装丁……リンクアップ
本文デザイン・DTP……リンクアップ
担当……宮崎　主哉
製本／印刷……大日本印刷株式会社

定価はカバーに表示してあります。

Printed in Japan

ISBN 978-4-297-13591-1 C3055